내 아이를 바꾸는
위대한 질문

하브루타

안 된다고 하기 전에 왜 그런지 이유를 묻는

내 아이를 바꾸는 위대한 질문
하브루타

바른교육 시리즈 25

민혜영(하브루타 민쌤) 지음

HAVRUTA

서사원

추천사

이해와 존중을 기반으로 하는 하브루타로 엄마와 아이 모두 성장할 수 있습니다

이효정
가랑비교육연구소 대표

2년 전 대학원 강의실에서 하얀 남방을 입은 한 학생을 만났습니다. 이 책의 작가, 민혜영 선생님이었죠. '부모 교육' 담당 교수였던 저는 대학원생들과 함께 부모였던 자신의 경험, 유치원이나 어린이집에서 아이 부모들을 만났던 사례 등을 나누면서 풍성하고 다양한 사례를 접할 수 있었습니다.

그 강의에서 그는 자신이 하브루타 전문가임을 전혀 드러내지 않았습니다. 오히려 배우고 익히는 자세로 누구보다 강의에 집중하였고, 열심히 다른 학우들의 말과 의견을 경청하였습니다. 그가 제 기억에 인상 깊게 자리 잡은 이유는 늘 호기심으로 반짝이는 적극적인 경청의 자세 때문이었습니다.

강의가 후반기에 접어들던 때쯤 다른 학생들이 민혜영 작가에게 하브루타에서는 부모 교육을 어떻게 다루는지 물어보는 것을 보았습니다. 그때 저는 '아! 하브루타 하는 사람이라 경청하는 자세가 남달랐구나!' 하고 그에 대해 더 알고 싶어졌습니다.

질문하고 대화하고 토론하고 논쟁하는 하브루타는 상당히 매력적인 자녀 교육 방법입니다. 교육에서 적용하는 하브루타는 교사의 상호 작용 능력을 높이는 데 유용합니다. 가정에서 적용하는 하브루타는 가족 간의 관계를 우호적으로 변화시키고 가족 구성원이 좀 더 서로를 이해하고 사랑하게 합니다. 직장에서 적용하는 하브루타는 직장 동료와의 의사소통을 키워주어 업무 능력이 향상됩니다.

하브루타는 사람과 사람이 존재하는 곳에서 실천하는 대화법입니다. 가정, 학교, 직장, 지역사회 등 대화가 일어나는 모든 곳에서 적용 가능하기에 매력적이지요. 이렇게 보면 하브루타는 어디에서든 실천할 수 있는 마법처럼 보입니다. 그러나 그 매력을 갖추려면 연습이 필요합니다. 하브루타는 생각보다 쉽지 않습니다. 마음만 먹는다고 알라딘의 지니처럼 단숨에 얻어지는 그런 것이 아닙니다.

이 책에서 작가는 하브루타를 충분히 연습하고 익힐 수 있도록 넘치는 사례와 예시를 제시합니다. 아울러, 그 사례를 실천하는 첫 공간을 가정으로 봅니다. 그는 하브루타가 가장 필요한 곳을 가정으로 보고 모든 가정의 부모와 아이가 하브루타를 통해 스스로 성장할 수 있음을 강조합니다.

가정에서 하브루타를 시작하는 것이 어려워 보일 수 있습니다. 그러나 그녀가 제안하는 하브루타는 그렇게 거창하지 않습니다. 아이와 대화하고 싶은 마음을 가진 부모라면 작가의 주장과 방법으로 따라가기만 하면 됩니다. 그가 제시하는 일상생활에서의 하브루타 대화법, 식탁에서의 하브루타 대화법, 아이의 마음을 확인하는 하브루타 대화법으로 쉽게 실천해 볼 수 있으니까요.

하브루타는 그 중심에 사람을 담습니다. 사람에 대한 존중과 이해에서 시작하기에 '상대방의 말을 경청하고 이해하는 것'이 얼마나 중요한지 보여줍니다. 하브루타를 익히는 중요한 필드는 바로 가정입니다. 가정에서 부모가 아이와 일상적으로 나누는 질문과 대화를 통해 하브루타를 경험하게 됩니다. 하브루타 질문으로 대화하고 소통하면 그 사람을 이해하고 존중하게 됩니다. 아울러 자기 스스로에게도 질문해 봄으로써 스스로 성장하는 원동력이 됩니다.

이 책으로 하브루타를 만난 독자들은 작가의 다양한 에피소드에 본인을 빗대어 생각해보기 바랍니다. 그리고 그가 제안하는 하브루타 질문을 소리 내어 읽어보기 바랍니다. 그 후에는 누군가에게 대화를 권하듯이 말해보기 바랍니다. 따뜻한 이해의 마음과 태도로 말입니다. 그 순간, 민혜영 작가의 하브루타 매직이 시작될 것입니다.

프롤로그

세상에 훌륭하지 않은 엄마는 없습니다

강의를 모두 마친 어느 햇빛 좋은 목요일 오후. 학교 앞 분식집에서 아이들을 만나 간식으로 떡볶이를 먹고, 둘째아이 치과 검진을 위해 아이들을 차에 태우고 예약 시간인 저녁 6시에 늦지 않으려 길을 재촉했습니다.

치아 교정을 시작한 딸아이의 정기검진을 무사히 마치고, 다시 집으로 달렸습니다. 집에 도착하자마자 아이들이 책가방을 내려놓고 손을 씻으러 화장실로 향하는 것을 보고, 필자는 옷을 갈아입은 후 바로 저녁 준비를 했습니다.

이렇듯 하루하루가 바쁘게 돌아가서 아이들을 잘 챙겨주지 못하기도 하고 필자의 독립적인 성향이 아이들에게 영향을 미치기도 했는지, 아이들은 모든 일을 혼자서 하는 것에 익숙합니다. 샤워하기, 간식 챙겨 먹기, 책가방 챙기기, 빈 그릇 싱크대에 갖다 놓기, 옷장에서 외출복 찾아 입기, 감기 기운이 있을 때 유자차 타서 마시기 등 혼자서 못하는 일이 없습니다.

요즘 아들아이는 늦잠 자는 엄마를 대신해서 아침 7시 30분에 출근하는 아빠에게 간단한 아침식사를 차려주기도 합니다. 거기에 "엄마, 10분만 더 주무세요. 10분 후에 제가 깨워 드릴게요" 하는 모닝콜 서비스까지. 부탁한 적도 없는데 어떻게 저런 생각을 하는지 신기하기만 합니다.

아이들을 따로 훈련시키지도 않았는데 대부분의 일을 스스로 알아서 해결합니다. 아침밥을 먹으며 하루 일정을 미리 이야기하고, 하교 후 친구들과 놀다가도 자신이 정한 시간이 되면 해야 할 일을 찾아서 제자리로 돌아갈 줄도 압니다. 자기 주도적으로 행동하고 실천하는 아이, 문제 해결 능력이 있는 아이. 많은 엄마가 꿈꾸는 아이의 모습이죠. 무엇이 아이들을 그리 움직이게 만든 것일까요?

첫아이의 돌잔치 준비로 설레고 바빴던 봄, 둘째 아이가 선물처럼 찾아왔습니다. 우여곡절 끝에 두 아이의 엄마, 그것도 쌍둥이만큼이나 힘들다는 '연년생 엄마'가 되었습니다. 큰아이가 태어났을 때는 '빨리 혼자서도 앉으면 좋겠다'고 생각했습니다. 아이가 막 뒤집고 기어 다닐 때는 '얼른 걸어 다니기'

를 바랐습니다. 두 아이를 데리고 밥 먹을 때마다 밥이 입으로 들어가는지 코로 들어가는지 몰랐고, 밥풀로 난장판이 된 식탁과 방바닥을 기어 다니며 청소하고 닦으면서 '제발 흘리지 않고 밥만 잘 먹어도 좋겠다'고 생각했습니다. 아이가 어린이집에 가기 시작해서야 사람같이 사는 것 같다고 남편이랑 웃으며 한숨을 돌린 기억이 납니다.

그것도 잠시, 큰아이가 여섯 살이 되었을 때 우리 부부는 식사 중에 자주 곤란한 상황에 맞닥뜨려야 했습니다. 왜 그 나이의 아이들은 꼭 밥 먹는 중에 화장실을 갈까요? 큰 볼일을 보고서는 목청 높여 '헬프 미'를 외쳐댑니다. 밥을 먹다가 아이 뒤처리를 하는 것은 부모라면 누구나 경험해봄직한 일상적인 일일 것입니다. 아마 어떤 부모든 흔쾌히 휴지를 들고 달려갈 것입니다. 우리 부부만 빼고요.

남편은 종일 회사에서 힘들게 일을 하고 집에 왔으니 그런 일쯤은 아내가 해주기를 은근히 바라지만, 공동육아에 절대 예외는 없습니다. 필자도 종일 일하고 퇴근해서 피곤하므로, 육아 분담은 공평해야 하니까요. 그렇게 서로 팽팽하게 기 싸움하며 육아 전쟁을 겪던 우리는 간절한 소원 하나를 더 빌게 됩니다. '제발, 아이가 화장실에서 볼일을 본 뒤 혼자서 해결하게 해주세요!'

혼자서 등하교하기, 시간 맞춰 알아서 학원에 다녀오기, 집에 오면 숙제 먼저 하고 놀기, 배고프면 알아서 간식 챙겨 먹기, 자기 방 정리는 알아서 하기 등 그 후로도 우리 부부의 소원은 계속 늘어났습니다.

'어떻게 하면 스스로 생각하고 자기 일을 알아서 하는 아이로 키울 수 있을까?' 이런 고민으로 늘 머릿속이 복잡한 부모라면 주저 말고 이 책을 끝까지 읽어보기를 바랍니다.

필자가 이곳저곳 출강을 다니고, 저녁에는 대학원에서 넘치는 학구열을 불태우는 동안 초등 남매는 서로 협력해 밥을 푸고 국을 뜨고 계란프라이도 하고 반찬을 꺼내서 좋아하는 유튜브 채널을 틀어 두고 웃고 떠들며 (엄마가 없는) 평화로운 저녁 만찬을 즐기곤 합니다. 텔레비전을 보면서 밥을 먹는 것은 있을 수 없는 일이지만, 규칙과 약속 안에서 아이들의 작은 일탈은 눈감아주기도 했습니다. 어릴 때 부모님에게 독서실 간다고 하고 동네에서 밤늦도록 친구들과 놀다가 들켜본 적 없는 사람이 있나요? 작은 일탈의 자유와 그 통쾌함을 우리는 잘 압니다. 그래도 우리는 지금 할 일을 성실히 하는 바른 어른으로 잘 자랐으니까요. 그래서 일상 속 아이들의 소소한 일탈쯤은 하나도 걱정되지 않습니다.

아이들이 자랄수록 하면 안 되는 일들이 점점 많아집니다. 게임에 빠지면 안 되고, 밥 먹기 전에 과자를 먹으면 안 되고, 감기에 걸렸는데 아이스크림을 먹으면 안 되고, 단 음식을 많이 먹으면 안 되고, 양치 안 하고 그냥 자면 안 되고, 내일이 시험인데 유튜브에 빠져 있으면 안 되고, 식사 시간에 텔레비전을 보면 안 되고, 나쁜 친구들과 어울리면 안 되고, 학원을 빠지면 안 되고, 미세먼지 많을 때 운동장 놀이터에 나가면 안 되고…. 하면 안 되는 것들이 줄어들기는커녕 학년이 올라갈수록 늘어만 갑니다. 그렇다면 우리 아이들이 하면 안 되는 것의 기준은 무엇일까요? 왜 하면 안 되는 걸까요? 아이는 왜 안 되는지 엄마에게 물어봤을까요? 그럼 엄마들은 아이들에게 안 되는 이유를 설명해주었을까요?

우리 집 남매 역시 밥보다 게임을 좋아하고, 매일 스마트폰을 손에 쥐고 유튜브를 즐겨 보며, 궁금한 것은 바로 검색하는 요즘 아이들과 다를 바 없습니다. 이런 아이들에게 어떻게 서로 마음 상하지 않으면서 하고 싶은 이야기를 잘 전달할 수 있을까요? 어떻게 게임에 빠지지 않고 공부도 잘하고 책 읽기도 좋아하는 아이로 키울 수 있을까요?

10여 년 전 독서지도자 과정을 공부할 때 담당 교수님에게 이런 질문을 한 적이 있습니다. 그때는 3, 4살 연년생 육아 전쟁의 클라이맥스 시기였습니다.

"교수님, 아이들에게 장난감을 가지고 논 뒤에 정리하라고 해도 말을 듣지 않아요. 왜 그럴까요?"

그때 교수님의 우문현답愚問賢答이 매우 인상적이었습니다.

"우리도 가끔 밥 먹고 나서 설거지하기 싫을 때가 있잖아요. 그럴 때 잠시 미루다가 나중에 하듯이 아이들도 그렇지 않을까요? 바로바로 치울 때도 있고 치우기 싫을 때도 있지요."

이 이야기를 듣고 '아차' 싶었습니다. 아이들에게 미안했습니다. 필자 또한 몸이 힘들고 바쁘다는 핑계로 정리정돈을 잘하지 못하는 엄마였기 때문입니다. '나도 그리했으면서, 나도 안 되면서 아이에게 강요했구나' 싶었습니다.

마음으로 공감하지 않으면 절대 상대방의 마음을 얻을 수 없습니다. 하브루타havruta를 하면서 더욱 간절히 느낍니다. 진심으로 마음을 열고 아이를 바라보는 태도, 아이를 존중하는 마음, 그것이 바로 아이의 생각과 마음을 묻는 '질문의 하브루타'라는 것을요. '하브루타 대화법'을 통해 우리 집 남매는 자존감 높은 아이로 자라고 있습니다. 역지사지易地思之하는 질문으로 배려심을 기른 덕분에 항상 주변에 친구들이 많고 사회성이 좋은 아이로 성장하고 있습니다.

알려주지도 않았는데 어떻게 그런 생각을 했을까요? 말해준 적이 없는데 어떻게 그런 행동을 했을까요? 이 길이 바른 길이라고, 네가 잘못 생각한 것이라고 비난하거나 강요하지도 않았습니다. 아이의 실수나 실패 앞에서 절대 잘잘못을 먼저 따지지 않았습니다. 그냥 아이의 생각을 들어주었습니다. 그리고 질문으로 돌려주었습니다. 왜 그렇게 했는지, 그런 행동으로 상대방의 마음이 어떠했을지, 다른 방법은 어떤 게 있었는지 질문하고 생각할 시간을 주었습니다. 스스로 생각한 것을 판단하고 행동으로 옮길 수 있도록 격려와 지지를 아끼지 않았습니다.

하브루타의 힘은 정말 굉장합니다. 아이들이 커갈수록 다가올 사춘기의 갈등이 두렵기보다는 마음도 생각도 성장하는 아이들의 모습이 얼마나 기대가 되는지 모릅니다. 하브루타로 사춘기 자녀와도 '베프(베스트 프렌드)'가 될 수 있습니다. 우리 아이들이 바쁜 '불량 엄마' 밑에서도 자신감 넘치는 리더십 있는 아이들로 자랄 수 있게 도와준 것은 하브루타 육아였습니다.

많은 어른이 요즘 아이들 대하기가 점점 힘들다고 말합니다. 생각하기를 싫어하고 친구와의 협력을 힘들어하고 놀이터에서는 생각을 나누고 마음을 나눌 친구조차 만나기가 힘든 요즘 아이들. 스마트폰이 친구가 되어주는 요즘 아이들에게 하브루타는 가장 좋은 해답입니다. 무엇이 옳고 그른지 서로의 생각이 다름을 인정하는 마음, 열린 마음으로 세상을 바라보게 하는 힘. 정말 하고 싶은 일이 무엇인지 고민하고 나를 아끼고 상대방을 사랑하게 해주는 힘. 마음을 여는 열쇠와도 같은 질문의 힘. 그 힘을 믿고 우리 아이들을 믿습니다.

하브루타 대화법으로 아이들을 키우며 느끼는 행복한 감

정들을 모든 부모와 함께 나누고 싶어 이 책을 썼습니다. 누군가의 위로가 절실하게 필요한 엄마들에게 이 책을 통해 잘 하고 있다고, 누구든 시행착오를 겪노라며 토닥여주고 싶었습니다. 하루에도 열두 번, 아이와 씨름하느라 지치고 힘든 엄마들의 마음에 부디 이 책이 큰 울림으로 전달되기를 간절히 바랍니다.

세상에 빛나지 않는 별은 하나도 없습니다. 우리에게는 하늘의 별처럼 반짝이는 아이들을 행복하게 키워야 할 책임이 있습니다. 아이들이 살기 좋은 세상이 되도록 격려하고 지지할 의무가 있습니다. 세상의 모든 아이가 내 아이와 함께 살아갈 아이들이기에 우리는 모든 아이를 내 아이 바라보듯 존중하며 사랑해줘야 합니다. 관심을 가지고 질문해줘야 합니다.

이 책을 읽은 독자들이 어제보다 더 나은 엄마가 되기를 바랍니다.

차례

Chapter 3.

정답을 쫓는 엄마보다 질문을 찾는 엄마가 돼라

Chapter 4.

지금 우리 아이에게 하브루타가 답이다 하브루타 부모 실천편

Chapter 1

하브루타가 필요한 아이들

독해력이 부족한 아이들

HAVRUTA

질문이 필요한 아이들

인공지능AI, Artificial Intelligence 시대에 발맞춰 아이들 사이에서도 교육혁명이 일어나고 있습니다. 초등학교 방과 후 교실에서는 로봇 수업이 인기이고, 4차 산업혁명 시대를 준비하는 부모들은 앞다투어 아이들을 코딩 학원에 보내기 시작했습니다. 아이들은 손에 스마트폰을 쥐고 능수능란하게 사용합니다. 곧 다가올 미래 시대를 준비하듯 컴퓨터 관련 자격증 공부를 하는 초등학생들이 늘고 있습니다.

인공지능 전기밥솥, 인공지능 세탁기, 로봇 청소기, 바리스타 로봇, 서빙 로봇 등 인공지능 기술은 이미 우리의 생활 속에 속속들이 파고들고 있습니다. 아침에 일어나 인공지능을 부르면 오늘 날씨와 기온, 미세 먼지 농도를 친절히 알려줍니다. 길을 알려주는 것은 물론이고 문자를 보내주고 전화도 걸어주며 오늘 날씨에 맞는 음악도 틀어줍니다. 코로나19 시대에서 인공지능은 이제 방역 영역에까지 진출했습니다.

인공지능 로봇 시대가 생활을 더 편리하고 윤택하게 해준 만큼 한편으로는 '미래에 인간의 삶이 로봇에게 위협받지 않을까?'라는 걱정과 우려도 커졌습니다. 로봇으로 대체되는 일자리가 늘어남에 따라 기존에 있던 수많은 직업이 없어지고 새로운 직업이 생겨날 것이라고 전문가들은 예측하고 있으니까요. 미래에는 인간의 일과 로봇의 일이 나누어질 것이 분명합니다. 다가오는 4차 산업혁명이 기대되기도 하지만 한편으로는 불안감이 느껴지기도 합니다. 우리 아이들이 미래에 인공지능과 잘 공존하려면 어떤 역량을 더 키우고 준비해야 할까요? 인공지능이 따라올 수 없는 인간의 능력은 무엇일까요?

미첼 레스닉Mitchel Resnick 교수가 쓴 《미첼 레스닉의 평생 유치원》(최두환 역, 다산사이언스, 2018)에 따르면 "세계 곳곳의 정부와 기업이 '인공지능 시대'에 진입 중이라 선언하고 있으며, 컴퓨터와 로봇이 기존에 사람이 하던 다양한 일을 대체할 것이라는 사실에는 의심의 여지가 없다"고 합니다. "과거 사람들이 '기계처럼' 단계에 따라 규칙과 방법을 단순 반복하던 일을 컴퓨터와 로봇이 상당 부분 대신하면서 상상력과 창의성이 요구되는 분야에 더 많이 집중할 수 있는 자유를 획득했다"고도 표현하였습니다. 덧붙여서, "그 어느 때보다도 창의성이 중요한 시대를 살아가게 될 것"이라고도 말하였습니다. "그 어느 세대보다 창의적 사고가 필요한 아이들에게 현재 교실 속 활동 대부분은 창의적 능력을 개발하는 목적으로 설계되지 않았다"는 점도 날카롭게 지적하였습니다. 그리고 "창의적 학습을 통한 궁극적인 목표는 아이들이 스스로 생각하는 사람, 즉 창의적 두뇌로 성장해 그들 자신을 위한 새로운 기회와 세계의 미래를 창조할 수 있도록 하는 것"이라고 책의 서두에서 밝혔습니다.

그렇다면 아이의 창의적 사고를 어떻게 키워야 할까요? 아이의 두뇌 발달을 위해 부모는 어떤 역할을 해야 할까요? 현재의 주입식 교육과 암기 위주의 공부 방식을 어떻게 바꿔야 아이들이 창의적인 활동을 할 수 있을까요? 필자도 두 남매의 엄마이자 아이들을 가르치는 교사로서 지금의 어두운 교육 현실에 조명탄을 쏘아주고 싶었습니다.

이런 궁금증은 '왜?'라는 질문에서 시작되었고 '어떻게?'라고 질문하며 하브루타를 만나게 되었습니다. 하브루타는 필자의 여러 물음표를 느낌표로 바꿔주었습니다. 미첼 레스닉 교수가 말한 것처럼, 거창하지는 않아도 우리가 부모로서 원하는 궁극적인 목표는 아이들에게 살기 좋은 세상을 물려주는 것에 있지 않을까요? 아이들이 행복한 미래를 살아가기를 바라는 마음은 모두가 같을 테니까요. 그러기 위해서는 지금부터 부모가 길잡이가 되어주고 조력자가 되어줘야 합니다.

'질문이 있는 하브루타'가 아이의 미래를 설계하는 핵심입니다. 《탈무드》의 저자 마빈 토케이어Marvin Tokayer는 질문과 토론, 그것이 유대인 교육의 핵심이라고 말했고, 투비아 이스라엘리H. E. Tuvia Israeli 주한 이스라엘 대사는 '책이 물고기라면 토론은 낚시법'이라 말했습니다. 이스라엘리는 특히 유대인 교육에서 강조하는 덕목을 책 읽기, 그리고 모든 것에 의심을 품고 질문을 던지는 자세로 꼽기도 했습니다.

부모는 아이가 어릴 때부터 스스로 생각하고 판단하는 경험을 하도록 조금씩 질문으로 안내해줘야 합니다. 유아기부터 주 양육자와 서로 주고받는 질문과 대화는 아이의 두뇌를 끊임없이 자극하고 스스로 생각하는 아이, 창의적으로 생각하는 아이로 자라도록 북돋아줍니다.

미래 사회의 필수 역량인 창의적인 생각의 시작은 '질문'입니다. 누구나 쉽게 할 수 있는 질문의 힘을 그냥 지나치는 부모들이 많습니다. 창의적인 생각을 하는 아이로 자라기를 바란다면, 적어도 소문난 수학 학원과 논술 학원을 보낼 것이 아니라 지금 당장 우리 집에서부터 가족들과 매일 손쉽게 할 수 있는 하브루타 대화를 시작해야 합니다.

'부모는 아이의 창의적인 사고 발달을 위해 어떤 역할을 해야 하나?'라는 질문에 이제 더 이상 망설일 필요가 없습니다. 유아기부터 발달단계에 따라 성장하는 창의적인 두뇌는 부모, 즉 주 양육자의 질문 하나로 달라질 수 있기 때문입니다. 오늘부터 내 아이의 미래 설계를 '질문이 있는 하브루타'로 시작해보는 것은 어떨까요?

스스로 생각하고 판단하고 결정하고 행동으로 옮기는 아이들이 새로운 세상을 만들고 새로운 세계를 열어갈 수 있습니다. 지금 우리 아이들에게는 무엇보다도 질문이 필요합니다.

질문이 필요한 부모들

초보 엄마 시절에 하브루타 육아법에 관심을 갖게 된 것은 '어떻게 하면 두 아이를 즐겁고 건강하게 키울까?', '적기에 맞는 교육을 어떻게 해줄 수 있을까?'라는 고민 때문이었습니다. 가장 먼저 찾은 장소는 서점이었습니다. 육아를 잘하고 싶은 엄마들의 불안한 마음을 시원하게 해줄 육아 관련 책들을 쉽게 찾을 수 있을 테니까요.

하지만 그 기대도 잠시, 책 속의 육아법이 모두 현실에 적용되지는 않았습니다. 책으로 읽을 때는 너무나 훌륭하고 '아, 이거다!' 싶은 교육법이 많았는데, 우리 아이와는 맞지 않는 방법도 있었습니다. 수많은 전문가가 말하는 여러 육아법 중에서 우리 아이에게 딱 맞는 교육법을 찾는 것조차도 온전히 초보 엄마의 몫이었습니다.

육아는 연습이 없습니다. 그래서 더 불안하고 걱정되는 것인지도 모르겠습니다. 옛날 어른들은 그냥 마당에다, 들판에다 아이들을 놔두면 알아서 잘 컸다고 했습니다. 그렇게 다섯 명, 여덟 명, 심지어 열 명의 자식들도 잘만 키우셨는데 왜 필자는 두 아이의 육아도 그리 버겁고 힘들었을까요?

아이를 잘 키운다는 것이 맛있는 요리를 해주고 좋은 옷을 입히고 장난감을 많이 사 주는 것이 전부가 아니라는 것을 이제는 잘 압니다. 아이의 방을 꾸며주고, 좋아하는 장난감으로 채워주고, 박물관과 전시회와 놀이동산에 데리고 다니면서 아이를 위해 애썼다고 생각할지 모르겠으나 그런 부모에게 아이는 그 모든 것이 자기가 원한 게 아니었다고 말할 수도 있습니다. 만약 그렇다면 이 얼마나 억울한 일인가요?

하지만 많은 초보 엄마가 지금도 이런 동상이몽同牀異夢을 하고 있습니다. 그런 이유로 초보 엄마들에게 하브루타 교육이 왜 필요한가를 명확히 말하고자 합니다. '왜 많은 부모가 육아를 어려워하고 힘들어하는지, 자녀와의 원만한 관계 형성에 실패하는지'에 대한 해답은 '질문이 있는 하브루타' 안에 있습니다.

아이에게 질문하고 대화를 나누면 동상이몽 하지 않게 됩니다. '대화'라는 간단하지만 당연한 방법이 미래에 아이들의 행복한 독립을 북돋는 부모-자녀 간의 돈독한 관계 형성에도 가장 많은 영향을 미칩니다. 질문하는 부모에게 질문하는 아이가 있습니다. 지금 이 글을 읽는 여러분이 주 양육자라면, 여러분에게 필요한 것은 질문입니다.

질문을 이해하지 못하는 아이들

인공지능이 인간의 직업을 대체하기 시작하면서 사람들은 다음과 같은 질문을 떠올렸습니다.

'과연 인공지능이 대체하지 못하는, 인간만이 할 수 있는 일은 무엇일까?'

앞에서 언급한 창의성 외에도 인공지능이 따라올 수 없는 또 다른 인간의 능력은 '문해력文解力'입니다. 오직 인간만이 문장에 담긴 의미를 해석하고 이해하고 그 안에 담긴 내용을 상상하는 창의성을 발휘해 다음 이야기를 예측하기 때문입니다. 이것을 인공지능도 따라 할 수는 있겠으나, 천문학적인 시간이 소요될 것이라고 전문가들은 예측합니다. 일반적으로 우리가 알고 있는 빅 데이터big data에 대한 정보와 그것만으로 인간의 모든 일을 인공지능이 대체할 수 있다는 논리도 사실은 빅 데이터에 대해 잘 모르는 일반인들이 막연히 가지고 있는 오해라고 합니다.

그렇다면 미래 사회를 살아갈 아이들에게 문해력 교육만 하면 될까요? 그렇다고 해서 지금 당장 문해력 학원에 등록하라는 말이 아닙니다. 물론 책을 많이 읽는 것 또한 방법이 되겠으나 결정적인 방법은 아니라는 연구 결과도 있으니까요. 그렇다면 하브루타의 어떤 점이 문해력 향상에 결정적인 도움이 될까요?

우리는 안다고 생각하는 것을 말로 설명하지 못할 때가 종종 있습니다. 그럴 때 대부분은 '알고 있는데 생각이 잘 안 난다'라고 이야기합니다. 유대인 속담에 '내가 설명할 줄 알아야 진짜 아는 것이다'라는 말이 있습니다. 이것을 '메타 인지meta cognition'라고 합니다.

메타 인지 능력이 높을수록 내가 무엇을 알고, 무엇을 모르는지 잘 파악합니다. 자신에게 부족한 부분을 보완하기 위한 계획을 세우고 실행하는 데 능합니다. 이 메타 인지 능력을 키우기 위해서는 상대방에게 아는 것을 잘 설명할 수 있어야 합니다. 내가 아는 것을 상대에게 설명하는 것, 이것이 바로 메타 인지 능력을 키우는 '짝 하브루타' 모형입니다. 짝 하브루타를 나누면 서로 알고 있는 것을 설명하고, 질문하고, 대화하면서 메타 인지 능력이 점점 향상됩니다.

아무리 책을 많이 읽어도 읽은 내용을 다시 설명하고 질문하고 말하지 못한다면 소용이 없습니다. 그래서 서로 질문하고 대화하고 토론하고 논쟁하는 과정에서 그 내용을 이해하고 경청하고 내 생각을 다시 표현하기를 되풀이하는 하브루타가 메타 인지를 키우는 가장 좋은 방법입니다.

내가 아는 것을 말하는 데에는 그것을 먼저 이해하는 것이 선행되어야 합니다. 하브루타는 짝의 말을 경청하고 그것을 이해해야만 내 생각을 표현할 수 있고 나아가서 토론과 논쟁까지도 할 수 있기 때문입니다. 가족들이 아이의 짝이 되어주고, 일상에서 질문과 대화하는 시간을 꾸준히 가져준다면 어휘력뿐만 아니라 문장에 담긴 의미를 이해하는 문해력도 자연스레 갖춰질 것입니다.

그렇다면 언제부터 하브루타를 시작해야 할까요? 하브루타 전문가들은 입을 모아 어릴 때일수록 빨리 시작하는 것이 좋다고 말합니다. 아무리 질문하고 토론하는 학원에 다닌다 해도 어릴 적부터 질문이 습관화되지 않으면 단순한 암기와 지식 전달 수준에만 머물게 되기 때문입니다. 유대인들은 아이가 엄마의 배 속에 있을 때부터 태교로 하브루타를 합니다. 그들에게 하브루타는 나라 없이 떠돌던 고난의 역사를 지탱

해준 그들만의 문화였습니다. 그들에게 하브루타는 해도 되고 안 해도 되는 것이 아니라 반드시 지키고 행해야 하는 절실함 그 자체였던 것입니다. 그것이 그들로 하여금 노벨상을 휩쓸게 한 저력이 되었고, 미국의 정치·경제·문화·예술 등 여러 분야의 정상에 설 수 있는 밑거름이 되었습니다. 질문, 대화, 토론, 논쟁의 힘은 이런 것입니다.

아무리 부모가 질문을 잘해도 아이가 그것을 이해하지 못하면 그 또한 '질문이 있는 하브루타'의 바람직한 모형이 될 수 없습니다. 필자가 마지막 장에서 소개할 다양한 사례들에서처럼 엄마가 아무리 좋은 질문을 했다 하더라도 아이가 질문을 이해하지 못했다면 좋은 대화는 불가능했을 겁니다.

《대학에 가는 AI vs 교과서를 못 읽는 아이들》(김정환 역, 해냄출판사, 2018)의 저자 아라이 노리코新井紀子 교수는 "일본의 중·고등학교 학생들의 독해력이 심각하게 낮다"고 말하며 "이 아이들이 졸업하기 전까지 어떻게 해서든 교과서를 읽게 하지 않으면 심각한 일이 닥칠 것"이라 강조했습니다.

2011년 일본에서 시작된 인공지능 프로젝트 '로봇이 도쿄대학에 들어갈 수 있는가?'의 디렉터였던 아라이 노리코 교수는 인공지능이 대체할 수 없는 인간의 능력으로 문해력을 손꼽았습니다. 인공지능과 차별화되는 인간의 능력이 독해력을 기반으로 한 커뮤니케이션 능력과 이해력이라는 것입니다. 다시 말해, 수학을 몰라서 못 푸는 것이 아니라 수학 문제를 이해하지 못해서 못 푸는 상황을 심각하게 바라보았습니다. 요즘 같은 스마트폰 시대에 모르는 것을 검색으로 찾는 아이들에게도 마찬가지입니다. 검색을 하여 찾아도 그 뜻을 이해하지 못하면 소용없을 테니 말입니다.

질문을 이해하지 못하면 대답을 할 수 없습니다. 교과서의 내용을 해석하지 못하면 당연히 시험문제도 풀 수 없고, 문제를 이해하지 못하니 호기심도 궁금증도 솟아날 수가 없습니다. 이쯤 되면 아라이 노리코 교수의 말을 심각하게 받아들이지 않을 수 없습니다.

반복과 주입식으로 길러진 능력은 가장 먼저 인공지능으로 대체될 것이라고 노리코 교수는 언급했습니다. 이는 질문하거나 생각하지 않고, 종일 그 의미도 모른 채 학원 순례를 하는 우리나라 아이들의 모습과 다를 바가 없어 보입니다. 결국 시험 성적의 승패는 암기를 잘하는 것보다 문제를 이해하는 문해력에 달려 있습니다.

텍스트를 이해하는 문해력은 학원에서 단기간에 습득할 수 있는 능력이 아닙니다. 내용을 읽고, 그것에 대해 질문해보고, 생각을 말로 설명할 수 있을 때 비로소 이해한 것이라 할 수 있습니다. 이것은 일상에서 짝과 함께 질문하고 대화하며 훈련할 수 있습니다. 하브루타 대화로 내가 아는 것을 좀 더 명확하게 정리하는 것이지요.

어떤 인공지능도 대체할 수 없는 인간만의 능력을 하브루타 대화로 유아기부터 키워주세요. 내 아이의 미래 설계를 준비하는 부모라면, 절대 '질문이 있는 하브루타의 힘'을 과소평가해서는 안 될 것입니다.

Chapter 2

하브루타가 필요한 부모들

질문하지 않는 부모들

HAVRUTA

아이에게 거울이 되어주세요

한 어린이집에 부모 교육을 하러 갔을 때였습니다. 만 2~4세 아이들의 엄마들이 눈을 반짝이며 교실에 모여 앉아 있었습니다. 그중에 6개월 남짓 돼 보이는 아기를 안고 있는 한 엄마가 눈에 띄었습니다. 아마도 그 아기는 어린이집에 다니는 첫째아이의 동생인 듯했습니다. 엄마 품에 안겨 우유를 먹으며 필자를 빤히 바라보는 초롱초롱한 눈빛이 사랑스러워 그 둘에게 자꾸 눈길이 갔습니다.

강의는 곧 시작되었고 옆에 앉은 짝과 인사를 나누고 서로 손도 잡고 하이파이브를 하며 '마음 열기' 준비운동이 끝날 즈음 엄마들에게 질문을 던졌습니다.

"여러분, 결혼과 연애 둘 중에서 하나를 선택한다면? 자, 하나 둘 셋!"

엄마들이 깔깔대고 웃기 시작했습니다. 지금 이 글을 읽는 여러분이 기혼자라면 혹은 결혼의 달콤함보다 현실 육아의 쓴맛을 느끼고 있는 엄마라면 그 웃음의 의미가 무언지 짐작이 갈 것입니다. 엄마들이 이구동성으로 외쳤습니다.

"연애!"

교실은 엄마들의 박장대소로 시끌시끌해졌습니다. 남의 눈치를 볼 것도 없었습니다. 전쟁 육아, 독박 육아로 심신이 지친 엄마들은 한마음으로 솔로로 돌아가겠노라고 소리치고 있었습니다. 아이가 미워서가 아니라는 것은 굳이 말하지 않아도 이해될 것입니다.

그때, 아기를 보듬으며 강의를 듣던 그 엄마만이 유일하게 '결혼'을 외쳤습니다. 우리는 모두 의아한 얼굴로 수줍어하는 아기 엄마를 바라보았습니다. 주변에 앉은 엄마들이 작은 목소리로 속삭였습니다.

"남편이 잘해주나 봐."

여기저기서 부러움 섞인 웃음소리가 들렸습니다. 그에게 물었습니다.

"왜 결혼을 선택하셨나요?"

대답은 뜻밖이었습니다.

"남편과 결혼하지 않았다면 지금의 우리 아이들을 만나지 못했을 테니까요."

순간, 교실의 엄마들이 모두 숙연해졌습니다. 다들 내 아이를 생각하니 코끝이 찡해졌을 것입니다. 자식 때문에 힘들어 죽겠다고 말하면서도 우리는 그 아이 때문에 다시 살맛이 난다고 말합니다. 하루 종일 힘들다가도 아이의 재롱 하나에 긴 하루의 노고가 눈 녹듯 싹 사라지고, 아이의 이름을 부르고 얼굴만 바라봐도 마음이 애틋해집니다.

누구보다 사랑하는 아이를 키우면서 왜 우리는 다시 태어나면 연애만 하고 싶다고 마음의 소리를 외친 것일까요? 우리는 결혼을 하고 엄마가 되기를 꿈꾸면서 좋은 엄마, 성실한 엄마가 되겠노라 다짐했습니다. 그런데 현실은 어떤가요? 워킹맘은 워킹맘대로, 전업주부는 전업주부대로 최선을 다하지만 성실한 엄마가 되는 것이 너무나 어렵고, 마음과 다르게 불량 엄마가 되기도 합니다.

필자 또한 그랬습니다. 연년생 둘을 키우면서 딸의 머리를 아침마다 예쁘게 빗겨주겠다는 것부터가 욕심이었다는 것을 깨달았습니다. 예쁘게 머리를 묶어주기는커녕 얼굴을 씻기고 밥이라도 먹이면 그나마 다행이었습니다. 일이 바빠 야근이 잦았기에 아침 준비와 아이들 등원 준비가 늘 전쟁이었습니다. 아이 둘을 세수, 양치만 후다닥 시킨 뒤 빨대 꽂은 우유를 하나씩 손에 쥐여주고 허둥지둥 빌라 계단을 내려가 어린이집 차에 겨우 태워 보내는 일이 빈번했으니 말입니다. 지금 생각해봐도 아이 둘을 동시에 등원시키는 일은 정말 '미션 임파서블mission impossible(불가능한 임무)' 같았습니다.

일에 매여 있다 보니 아이가 열이 펄펄 나도 일단 사정을 말하고 아이를 어린이집에 밀어 넣다시피 한 후 출근하기에 바빴고, 하교 시간에 비가 쏟아진다고 울상인 아이의 전화에 신발주머니를 쓰고 뛰어가라고 매몰차게 말할 수밖에 없었습니다. 바쁜 필자는 언제나 집보다 일에 더 매인 몸이었고, 아이가 도움을 요청할 때 아이 곁에 있어줄 수가 없었습니다. 매일 바쁘고 힘든 상황들로 인해 불량 엄마가 되어갔습니다. 다른 엄마들처럼 비 오는 날 아이 하교 시간에 우산을 들고 마중 나가지 못했고, 집에서 아이의 생일파티도 준비해주지 못했습니다. 아이가 학급회장이 되었다는 것도 나중에서야 알았습니다. 필자는 우리 아이들에게 엄마로서의 역할을 다하지 못한 것일까요? 아이들에게 어떤 엄마였을까요? 아이들의 눈에 어떤 모습으로 비쳤을까요?

필자는 '일하는 엄마'입니다. 사람들 앞에서 강의하는 강사입니다. 이 일을 사랑하고, 자부심과 사명감을 느낍니다. 성실히 일하는 엄마, 일이 끝나고 집에 돌아와 가족을 돌보는 엄마, 늦은 시간에도 쉬지 않고 공부하는 엄마의 모습이 아이들의 마음속에 각인되지 않았을까요?

리더 역할을 하는 부모의 아이는 자기 주도적이고 리더십이 강하다고 합니다. 필자는 집에서는 부족한 엄마였을지 모르나 사회생활 하는 모습을 통해 아이들에게 좋은 영향을 주었으리라 믿습니다. 집밥을 자주 해주지는 못해도 열심히 일하고, 최선을 다해 가정을 돌보고, 봉사활동도 게을리하지 않으며 아이들에게 본이 되도록 노력하는 것 또한 좋은 엄마의 모습입니다. 만약 스스로를 불량 엄마라 생각하고 있다면 다시 한번 곰곰이 자신의 모습을 되돌아보기 바랍니다. 분명히 여러분도 모르는 사이 아이에게 미치고 있는 선한 영향력이 있을 테니까요. 아이에게 본이 되는 여러분만의 자랑스러운 면이 분명히 있습니다. 아이는 열 가지 불량 엄마의 모습보다 단 하나의 자랑스러운 모습을 보며 더 큰 것을 배울 것입니다.

아이들은 생각보다 사소한 것에 감사해하고 감동합니다. 비 오는 날 우산을 들고 학교 앞에 나가지 못했어도 늦은 퇴근길에 아이스크림을 사 들고 온 엄마를 누구보다 최고라 느낄지 모릅니다. 매일 다른 국을 끓이고 고기반찬이 풍성한 집밥을 차리지 못해도 엄마가 구워주는 토스트가 세상에서 제일 맛있다고 손꼽을지도 모릅니다. 엄마의 소소한 일상이 아이 눈에는 대단해 보일 수 있다는 것입니다. 여러분은 절대로 불량 엄마가 아닙니다. 적어도 우리 아이들에게는 최선을 다하는 성실한 엄마입니다.

성실한 엄마가 되는 방법은 간단합니다. 엄마가 먼저 변화하면 됩니다. 엄마가 변하면 아이도 따라 변합니다. 아이가 사회성이 좋아지기를 바란다면 엄마가 먼저 본이 되는 모습을 보여주세요. 아이가 책을 좋아하기를 바란다면 엄마가 먼저 텔레비전을 끄고 책을 읽어보세요. 스스로 불량 엄마라 생각했던 필자도 변화하기를 망설이지 않아야 비로소 좋은 엄마가 될 수 있다는 것을 알았습니다. 아이에게 좋은 엄마의 모습을 보여주지 못해 미안하고 자책을 느낀다면, 오늘부터 기꺼이 변화를 두려워하지 않는 하브루타 엄마가 되어보세요. 아이에게 지시와 명령을 하기보다 먼저 실천하는 모습을 보여주는 엄마야말로 세상 그 누구보다도 좋은 엄마, 진짜 성실한 엄마입니다.

'성실표 엄마'의 거짓 혹은 진실

EBS 다큐프라임 〈엄마 뇌 속에 아이가 있다〉(2011)에서 한국 엄마와 영국 엄마의 등교 준비 모습을 보여준 적이 있습니다. 한국 엄마는 잠에서 덜 깨 일어나지 못하는 아이의 발에 양말부터 신기고 아이가 밥을 먹는 동안 머리를 묶어주느라 정신없이 바쁜 모습이었습니다. 거기에 아이가 밥을 빨리 먹지 못한다며 떠 먹여주기까지 합니다. 그 장면을 보며 피식 웃음이 나왔습니다. 필자의 생활을 보는 것 같았기 때문입니다. 육아하는 엄마라면 한 번쯤은 다 경험해본 일일 것입니다. 한국에는 이런 '성실표 엄마'가 많습니다.

영국 엄마의 아침 풍경은 어떠했을까요? 아이가 여럿인데도 불구하고 여유 있는 모습이었습니다. 엄마의 표정에는 평온함이 묻어났고, 분주한 아침이지만 목소리를 높이지도 않았습니다. 말없이 아이를 지켜보다가 아이가 도움을 청하면 가서 도와줍니다. 아이가 혼자서 옷을 꺼내 입고 머리를 빗고 우유를 챙겨서 식탁에 앉고 다 먹은 후 양치할 때까지 엄마는 묵묵히 옆에서 지켜봅니다.

다시 한국 엄마의 아침으로 돌아와 보겠습니다. 등교 시간이 임박하면 아이보다 엄마가 더 안절부절못합니다. 왜 그런 것일까요? 학교에 가는 것은 아이이고, 지각해서 뒤늦게 교실 문을 열어야 하는 것은 엄마의 몫이 아닙니다. 그런데 왜 엄마는 아이보다 더 불안해하고 조급해하는 것일까요? 한 강의에서 어떤 엄마가 이렇게 말한 적이 있습니다.

"아이의 실패나 성공이 곧 엄마의 실패나 성공이라는 생각이 들어서 그런 거 같아요."

우리는 아이의 성공과 실패를 엄마의 인생과 동일시하고 그것을 '사랑'이라는 이름으로 착각하고 있는 '성실표 엄마'들이었던 것입니다.

여기서 '성실하다'의 의미에 대해 잠깐 짚고 넘어가겠습니다. 사전적 의미는 '정성스럽고 참되다'입니다. 반의어는 '게으르다, 나태하다, 불성실하다' 등이 있습니다. 양육의 책임이 있는 부모는 당연히 성실해야 합니다. 집안일, 직장 생활, 아이를 씻기고 먹이고 재우고 놀아주는 이 모든 것에 성실해야 합니다. 이 의무를 게을리할 때 우리는 성실한 부모라고 말하지 않습니다.

그런데 이 '성실한 태도'를 잘못 이해하고 있는 부모들이 많습니다. 유아교육학에서 '아이가 원할 때 반응해주는 것은 애착 형성의 기본'이라고 말합니다. 하브루타도 마찬가지입니다. 아이가 말할 때 아이의 눈을 바라보고 귀 기울여 경청하고 고개를 끄덕이며 공감하는 것이야말로 좋은 관계 형성의 밑바탕이 됩니다. 건강한 애착 형성과 하브루타의 관계 형성을 위해서는 아이의 질문을 성실히 경청하고 공감하는 부모의 태도가 필요합니다.

그러나 이 '성실함'을 오해하면 오히려 독이 될 수 있습니다. 아이가 스스로 할 수 있는 일까지도 부모가 너무나도 성실히 대신해주는 것은 좋은 의미의 성실함이 아닙니다. 성실함의 경계를 넘어선 '지나친 성실함'입니다. 관계 형성에 필요한 모든 것을 성실히 하는 '성실한 엄마'와, 아이의 주도성을 해치는 필요 이상의 성실함을 보이는 '성실표 엄마'는 다릅니다.

'성실표 엄마'의 일상을 들여다보겠습니다. 아침잠이 덜 깬 아이가 바로 식탁에 앉아 아침식사를 할 수 있도록 엄마는 미리 음식을 세팅해둡니다. 아이가 텔레비전을 보며 아침을 먹는 동안 엄마는 아이의 머리를 빗기고 상의를 입힙니다. 밥을 먹은 뒤 양치하기 싫어하는 아이를 설득하기보다 칫솔을 들고 아이를 양치시켜주는 것이 훨씬 효율적이라고 생각합니다. 현관을 나서는 아이의 책가방은 엄마의 어깨에 있고, 아이 손을 잡아끌고 바쁜 걸음으로 등굣길을 재촉합니다. 모든 것이 엄마의 지시와 주도로 이뤄집니다. 세수도 양치도 아침 식사도…. 등교 시간에 늦지 않도록 엄마는 마치 집사처럼 최선을 다합니다. 그런 노력은 헛되지 않아 아이는 늦지 않고 무사히 교문 안으로 들어섭니다. 엄마는 그런 아이의 뒷모습을 보고서야 비로소 흡족해합니다. 스스로 만족해하며 옆집 누구 엄마를 만나 학교 앞 브런치 카페에서 평화로운 아침을 이어나갑니다. 아이의 수업이 끝날 때까지 말입니다.

아이는 흡사 로봇처럼 엄마의 리모컨에 따라 완벽하게 움직였습니다. 아침에 눈을 뜨면서부터 어느 것 하나 스스로 선택해서 하는 게 없습니다. 이른 아침, 나(아이)의 기분과 상관없는 메뉴가 차려진 밥상. 꾸물거리기라도 하면 여지없이 엄마가 밥숟가락으로 떠 주는 음식을 받아먹어야 합니다. 씻고 옷을 갈아입는 일상에서도 싫든 좋든 엄마가 주는 대로, 시키는 대로 움직이는 것이 우리나라 아이들의 흔한 아침 모습입니다.

새로운 아침을 맞는 상쾌함, 엄마와 대화하며 맛있게 즐기는 아침 밥상. 아이는 이런 감정을 느끼기도 전에 엄마의 주도

하에 바쁜 아침을 보냅니다. 마치 동화 속 왕자와 공주를 모시듯 하녀 모드로 변한 엄마가 먹여주고 입혀주는 아침 준비가 진정 아이를 위한 보살핌일까요? 아이는 이런 보살핌을 사랑이라고 느낄까요, 아니면 귀찮은 참견이라고 느낄까요?

성실표 엄마들에게 질문하고 싶습니다. 아이가 무엇을 원하는지 물어본 적이 있나요? 무엇이 진정 아이를 위한 일인지 생각해본 적이 있나요? 매일 앞에서 이야기한 아침 일상을 보내고 있다면 당신은 성실표 엄마가 맞습니다. 그것은 무늬만 성실한 엄마입니다. '내가 너를 사랑해서 그렇다, 다 너 잘되라고 그러는 것이다'라고 합리화하며 아이 스스로 하는 기회를 철저히 빼앗는 엄마인 것입니다.

도움은 내가 필요하고 원할 때 받아야 더욱 고맙게 여겨집니다. 나는 원치 않는데 상대가 나에게 묻지도 않고 마음대로 도움을 준다면 그것은 결코 도움이 될 수 없습니다. 아무리 선의의 마음으로 건넨 도움이라 하더라도 도움을 받을 상대에게 묻지 않고 행한 도움은 내 마음대로 상대방을 방해한 것이지 결코 도움이 될 수 없기 때문입니다. 아이들에게도 다 생각이 있습니다. 본인 나름의 계획도 있을 것입니다. 그것이 꼭 엄마의 생각과 같을 것이라 판단하면 안 됩니다. 아이의 생각이나 계획은 당연히 허술하고 부족하기 짝이 없을 겁니다. 아이는 절대로 엄마처럼 치밀하게 생각하지 않기 때문입니다.

그렇지만 우리는 아이의 그런 완벽하지 않은 생각까지도 귀 기울이고 들어줄 의무가 있습니다. 사소한 이야기라도 엄마가 귀 기울여 들어준 아이는 자신의 말을 경청하는 엄마를 통해 존중받는다는 것을 느끼고, 자연스럽게 친구의 이야기에도 귀 기울이게 될 것입니다.

아이의 생각을 묻고 존중하는 것은 결코 선택이 아닙니다. 정말 성실한 엄마라면 무조건 다 해주는 것으로 사랑을 표현하지 않습니다. 아이의 생각을 존중하며 지켜보고 마음으로 지지하고 응원해야 합니다. 나비는 번데기 안에서 스스로 허물을 찢고 나오면서 날갯짓을 시작합니다. 만약 번데기가 허물을 쉽게 벗도록 도와준다면 나비는 날갯짓을 하지 못하게 됩니다. 번데기가 허물을 스스로 찢는 과정에서 날개에 힘이 생기기 때문입니다. 어쩌면 성실표 엄마는 대신 밥을 먹여주고 머리를 묶어주고 가방을 들어주면서 아이가 날갯짓하지 못하게 하고 있는지도 모릅니다. 주도성이 부족한 아이는 스스로 해결하는 힘을 기르지 못하고 혼자서 해야 할 일들을 두려워하게 될 것입니다.

바쁜 아침, 엄마의 마음은 급하고 분주하겠지만 평정심을 잃지 말고 아이 스스로 할 수 있도록 끝까지 기다려주고 도와달라는 신호를 보낼 때까지 지켜봐줘야 합니다. 성실한 엄마는 아이를 망치지 않습니다. 다만, '성실'이라는 이름으로 포

장된 '성실표 엄마'가 아이를 망칩니다. 이제 우리의 모습을 되돌아봐야 합니다. 여러분은 아이에게 어떤 엄마인가요? 무늬만 성실한 '성실표 엄마'인가요, 마음을 다해 존중해주는 '성실한 엄마'인가요?

내 아이를 바꾸는 위대한 질문

'질문'의 사전적 의미는 '알고자 하는 바를 얻기 위한 물음'입니다. 즉, 모르면 물어서 답을 구한다는 것입니다. 처음 하브루타를 시작하는 엄마들이 가장 어려워하는 것이 이 '질문'입니다. 하브루타란 짝과 함께 질문하고 대화하고 토론하고 논쟁하는 것인데, 그에 앞서 질문이란 벽에 부딪힙니다.

하지만 질문하는 것은 생각보다 어렵지 않습니다. 우리는 이미 일상에서 수많은 질문을 주고받고 있기 때문입니다. 우리는 쇼핑하면서, 뉴스를 보면서, 밥을 먹으면서, 영화를 보면서 늘 궁금한 것들과 마주하게 됩니다. 그리고 옆에 있는 친구나 가족에게 물어보기도 합니다.

- 이 옷의 가격이 얼마인가요?
- 인테리어 용품은 몇 층에 있나요?
- 지난주 드라마에서 낭떠러지에 떨어진 여자는 어떻게 된 거야?
- 그래서 돌아온 주인공은 서로 가족을 찾았어?

영화나 드라마를 보면서 이어질 내용에 대한 궁금증을 이기지 못해 옆에서 쉬지 않고 질문을 쏟아내는 사람을 본 적이 있을 것입니다. 이런 꼬리에 꼬리를 무는 질문 때문에 흐름이 깨질까 조마조마하지만 가끔은 이야기에 더 몰입하게 하는 양념 같은 역할을 하기도 합니다. 우리는 이렇게 일상에서 늘 질문을 받습니다. 그런데도 왜 우리는 질문하는 것을 따로 공부해야 할까요? 왜 질문하는 것이 어렵고 익숙해지지 않을까요? 왜 궁금한 것을 자신 있게 물어보지 못할까요?

누군가에게 질문하는 행위는 결코 부끄러운 일이 아닙니다. 그러나 주입식 교육에 익숙한 우리는 질문하는 것을 '내가 모른다는 것을 상대방이 알게 하는 것'으로 여겨 부끄러워하고 꺼려 하는 경우가 많습니다. 필자 세대의 학창 시절을 떠올려보면 누군가 수업 시간에 모르는 것을 질문하면 주변에서 고운 시선으로 바라보지 않았습니다. 모르는 것을 묻는 것은 당연한 일인데 '잘난 척한다' 혹은 '나댄다'고 생각했습니다. 수업이 끝날 무렵에 질문하면 쉬는 시간을 빼앗았다며 친구들로부터 미움의 대상이 되기도 했습니다. 이런 분위기 때문에 질문은 암묵적으로 금지된 것이나 다름없었습니다.

질문하는 행위가 무조건 환영받는 것은 아닙니다. 처음 본 사이인데 나이가 몇인지, 결혼은 했는지 따위를 묻는 것은 절대 바람직한 질문이 될 수 없습니다. 친근하게 다가가기 위한 질문이었다 하더라도 서로 관계가 형성되어 있지 않은 사람에게 집이 몇 평이냐 같은 질문은 오히려 관계를 망치는 지름길이 됩니다. 질문은 상대에 따라, 때와 장소에 따라 적절하게 해야 합니다. 때와 장소에 맞는 질문은 누구에게나 환영받을 수밖에 없습니다.

질문을 잘하고 싶다면 적어도 그 질문 안에서 좀 더 자유로워져야 합니다. 그리고 질문을 바라보는 긍정적인 마음을 가져야 합니다. 하지만 질문이 좋은 것이라는 것을 알면서도 막상 내 아이에게 질문하기는 어렵다고들 합니다. 그렇다면 아이에게 무엇을 언제 어떻게 물어야 할까요?

질문은 하면 할수록 발전합니다. 좋은 대화를 이끄는 질문을 할 줄 아는 사람은 사회에서 대인 관계를 맺을 때 더 유리한 위치에 설 수밖에 없습니다. 이렇듯 모든 관계를 이어주고 나를 빛나게 하는 질문의 중요성을 느꼈다면 이제부터 마음의 문을 활짝 열고 질문해보세요. 일단 먼저 스스로에게 질문을 던져보는 것은 어떨까요? '내가 지금 궁금한 것은 무엇일

까? 내가 지금 하고 싶은 이야기는 무엇일까?'

'빛과 같은 속도로 운동한다면 세상이 어떻게 보일까?'라는 질문으로 시작해 상대성이론을 발견한 아인슈타인Albert Einstein은 이렇게 말했습니다.

> *"질문이 정답보다 중요하다. 곧 죽을 상황에서 내게 주어진 시간이 단 한 시간뿐이라면 나는 55분을 질문을 찾는 데 할애할 것이다. 올바른 질문은 답을 찾는 데 5분도 걸리지 않게 한다."*

무엇을 어떻게 만들지에 대한 정답 대신 '왜?'라는 질문을 던졌던 혁신의 아이콘 스티브 잡스Steve Jobs는 '우리는 왜 이 제품을 만드는가?'라는 질문으로 그가 꿈꾸던 세상에 가까이 다가갔습니다. 세상을 바꾼 것은 정답이 아닌 질문입니다.

세상을 바꾸는 위대한 질문이 있다면 사람의 마음을 들여다보는 위대한 질문도 있습니다. 영조 35년(1759), 그의 나이 66세에 새 중전을 간택하는 자리에서 영조는 "그대들은 어떤 꽃이 가장 아름답다고 생각하느냐?"라고 질문하였고, 목화라 대답한 15세의 한 처녀는 후에 정순왕후가 되었습니다. 영조의 질문에 정순왕후는 '목화꽃은 비록 멋과 향기는 빼어나지 않으나 실을 짜 백성들을 따뜻하게 만들어주니 가장 아름다운 꽃이다'라는 말로 영조를 감탄시킨 것입니다.

자기 자신에게 질문할 시간도 없이 학교와 시험공부에 치여 앞만 보고 달리는 아이들에게 우리는 질문해줘야 합니다.

- 요즘 가장 재미있는 일은 무엇이니?
- 어떤 친구와 가장 친하게 지내니?
- 너의 꿈은 무엇이니?
- 좋아하는 일을 직업으로 가질 수 있을까?
- 원하는 꿈을 이루기 위해 지금부터 어떤 노력을 하면 좋을까?

위대한 질문은 따로 정해져 있는 것이 아닙니다. 여러분이 아이에게 던지는 질문이 곧 위대한 질문입니다. 바로 지금, 아이에게 질문해주세요. 부모에게 질문으로 지지와 격려를 받은 아이는 질문을 받기 전과는 분명 다른 삶을 살게 될 것입니다.

하브루타의 시작은 가족 식탁에서

필자는 지어진 지 25년이 훌쩍 넘은 오래된 빌라에 살고 있습니다. 남편이 고등학생 때부터 시부모님과 함께 살던 집이자, 필자가 아무것도 모르고 명절에 인사 가서 시부모님과 다섯 명의 시고모님들에게 둘러싸여 함께 저녁을 먹으며 여자 친구로서 첫 신고식을 치른 웃지 못할 추억이 묻어 있는 집입니다. 이 긴 역사를 고스란히 담고 있는 오래된 우리 집에서 매일 또 다른 추억을 쌓는 공간이 있습니다. 바로 우리 가족이 도란도란 이야기꽃을 피우는 식탁입니다.

식탁은 필자가 작업할 때는 작업실이 되고, 남편과 커피를 마시며 대화를 나눌 때는 카페가 되며, 아이들이 머리를 맞대고 책을 읽거나 토론을 할 때는 도서관이 됩니다. 자연스럽게 우리 집의 가장 즐겁고 편안한 공간은 가족 모두가 한자리에 모일 수 있는 식탁이 되었습니다.

하브루타를 하면서 느끼는 가장 큰 변화는 우리 집 식탁 분위기가 즐거워졌다는 것입니다. 되도록 모두 모여 함께 식사하기로 했고, 혼자 식사 준비를 하기보다는 아이들과 함께 즐겁게 식사 준비를 합니다. '퇴근 후 다시 집으로 출근'이라는 표현처럼 퇴근 후 집에 와 저녁 준비를 하고 집안일을 하며 홀로 슈퍼우먼이 되어야 했었는데, 아이들의 도움 덕분에 육아와 살림 스트레스도 크게 줄었습니다.

우리나라에 처음으로 하브루타 교육법을 소개한 故 전성수 부천대학교 교수는 "하브루타의 가장 큰 장점은 청소년기 아이들의 스트레스를 덜어주는 것"이라 했습니다. 그것이 비단 청소년기 아이들에게만 해당하는 것은 아닙니다. 엄마들도 브런치 카페에서 한껏 수다를 떨고 오면 기분이 좋아지고 새로운 에너지가 채워지니 말입니다. 아이들도 마찬가지입니다. 하고 싶은 이야기를 마음껏 쏟아낼 곳이 필요한데, 하브루타가 그 역할을 충분히 해준다니 더 말할 것도 없습니다. 학교에서의 하브루타는 친구와의 수다로 학교에 가는 즐거움을 만들어주고, 가정에서의 하브루타는 가족들과의 대화가 있는 식사 시간으로 식탁을 더 풍성하게 합니다.

많은 엄마가 식탁에서 하브루타를 시작해보려 노력하지만, 막상 아이와 어떻게 대화를 시작해야 할지 막막해합니다.

- 질문이 어려워요.
- 어디서부터 대화를 시작해야 할지 모르겠어요.
- 질문 주제를 어떻게 정해야 할까요?
- 아이에게 질문하면 무조건 모른다고 대답해요.

식탁 하브루타는 생각보다 어렵지 않습니다. 오늘 날씨부터 새로 산 물건의 가격, 저녁 식탁에 올라온 새로운 반찬의 조리법 같은 엄마의 관심사를 자연스럽게 아이들에게 건네다 보면 식탁에서의 대화를 쉽게 시작할 수 있습니다. 아이가 대답을 잘하지 않을 때는 부모가 자신의 이야기를 이어가면 됩니다. 아이가 부모의 이야기를 경청한 후 질문이나 대답을 할 때까지 기다려줘야 합니다.

부모는 자신의 이야기를 하기보다는 아이의 일과나 생각을 더 듣고 싶어 합니다. 그 애정이 과해서 마치 형사처럼 아이의 하루 일거수일투족을 취조하듯 캐묻기도 합니다. 이것이 자녀와의 대화에 실패하는 이유입니다. 생각을 묻고 경청하고 존중하며 공감하는 과정을 거치지 않고 '확인하는 질문'만 하기 때문입니다. 공감 받지 못할 이야기를 부모에게 말하고 싶어 하는 아이는 없습니다. 그렇게 대화는 자연스럽게 끊어집니다. 이런 악순환이 계속되면 아이가 예민한 사춘기가 되었을 때 대화를 아예 거부할 수도 있습니다. 지금, 아이와의 식사 시간을 되돌아봐야 합니다. 지금까지 우리 아이가 대답을 안 한 것이 아니라 부모가 원하는 대답을 강요하고 있었던 것은 아닐까요?

다음은 질문하기를 어려워하는 부모에게 추천하는 가족 식사에서 자연스럽게 대화를 이끌어내는 좋은 질문들입니다.

- 요즘 마음이 잘 통하는 친구는 누구니? 엄마는 아빠랑 이야기할 때가 제일 잘 통하더라.
- 일주일 중에서 무슨 요일이 가장 좋으니? 엄마는 목요일이 제일 좋아. 금요일만 지나면 신나는 토요일이 다가오니까.
- 요즘 TV에서 재미있게 본 프로그램이 있니? 엄마는 요즘 역사 이야기를 들려주는 교양 프로그램이 아주 유익하고 재미있었어.
- 친구를 사귈 때 어떤 점을 중요하게 생각하니? 엄마는 약속을 잘 지키는지가 중요하다고 생각해. 네 생각은 어때?
- 만약 동물을 키울 수 있다면 어떤 동물을 키우고 싶니? 엄마는 고양이가 두 마리 있었으면 좋겠어. 아빠는 싫어하겠지만 말이야.
- 우리 가족이 다 함께 즐길 수 있는 놀이는 어떤 게 있을까? 엄마는

보드게임이 가장 재밌을 것 같아.

- 초능력을 가질 수 있다면 어떤 능력을 갖고 싶니? 엄마는 홍길동처럼 동에 번쩍, 서에 번쩍 하면서 가고 싶은 곳을 다 갈 수 있는 '순간 이동 능력'을 가졌으면 좋겠어.
- 가족들이랑 함께 가보고 싶은 곳이 있니? 엄마는 우리 가족이랑 루브르박물관에 꼭 가보고 싶어.
- 램프의 요정 지니가 소원을 들어준다면 어떤 소원을 말하고 싶니? 엄마는 너희들이 두 살일 때로 돌아갔으면 좋겠어. 다시 돌아간다면 엄마는 너랑 네 동생이랑 더 많이 놀아주고, 더 많이 안아줄 거야.
- 너에게 로봇이 생긴다면 어떤 일을 하는 로봇을 갖고 싶니? 엄마는 아침, 점심 식사 준비를 해주는 요리사 로봇이 있으면 좋겠어. 저녁은 왜 뺐냐고? 저녁 식사는 엄마가 꼭 너희들과 함께 준비하고 싶기 때문이지. 사랑해, 얘들아!

가족 식탁의 대화에 정답은 없습니다. 규칙도 필요 없습니다. 가족 식사가 꼭 맛있는 요리나 음식들로 채워져야 하는 것도 아닙니다. 가족이 모두 모인 자리라면 배달 음식으로도 훌륭한 저녁 식사를 할 수 있습니다. '어떤 밥상이냐'보다 다 같이 모이는 시간이 중요하기 때문입니다. 아이들이 관심 있는 것은 맛있는 음식이 아니라 엄마 아빠가 함께하는 온전한 식사 시간 그 자체입니다. 음식을 함께 먹으며 나누는 일상 대화는 그 어떤 호르몬보다도 아이들의 성장에 강력한 영향을 줍니다.

그러나 요즘 아이들은 가족 식탁의 대화에 참여하는 것이 생각보다 쉽지 않습니다. 맞벌이 가정이 늘고 사교육이 생활화되면서 각자 집 밖에서 저녁을 해결하고는 합니다. 온 가족이 밥상에 둘러앉아 있어야 할 저녁 7시가 되면 학원가 주변의 편의점이나 분식집은 교복 입은 아이들의 저녁 해결 장소가 됩니다. 밖에서 대충 사 먹는 밥이 아이들 건강에 좋지 않다는 점을 떠나서 어떤 이유로든 아이들을 대화가 있는 가족 식탁으로 불러들여야 합니다. 꼭 하브루타를 하기 위함이 아니더라도 식사 시간만큼은 가족과 얼굴을 마주하고 함께해야 마땅하기 때문입니다.

필자의 아들이 초등학교 4학년 초에 갑자기 배구부에 들어가고 싶다고 조른 적이 있습니다. 뜬금없이 배구에 관심을 가진 것이 의아했지만 아들의 마음을 십분 이해하고, 우선 한 달 동안 배구부에 참여해본 후 계속할 것인지를 결정하기로 했습니다. 문제는 그때부터였습니다. 배구부가 지역대회를 준비하다 보니 훈련은 일상이었고, 그 훈련은 하루 종일 계속되었습니다. 당시 태권도 학원에 다니던 아들은 방과 후 학교 체육관에서 두 시간 정도 배구부 훈련에 참가한 다음, 태권도 학원에 갔다가 집에 돌아왔습니다. 후에 코치님에게 배구부 아이들은 거의 저녁 훈련까지 참여하고 귀가한다는 이야기를 들었습니다. 그 팀에는 모든 학년의 아이들이 섞여 있었는데, 그 아이들은 도대체 밥은 어디서 먹는지, 학원은 몇 시에 가는지가 궁금했습니다. 코치님은 아이들이 저녁 훈련까지 모두 마치고 7시가 넘어서야 각자 영어나 수학 학원 등을 간다고 했습니다. 그래서 배구부 아이들은 밤 9시 넘어 귀가하는 것이 당연하다는 것이었습니다.

아직 초등학생인데 직장인들처럼 밖에서 저녁을 해결해야 한다고 생각하니 안타까웠습니다. 온 가족이 맛있는 저녁 밥상을 함께해야 할 시기에 그러지 못하는 현실이 믿기지 않았습니다. 물론 성장기에 운동도 중요하지만, 그것이 가족 식사와 맞바꿀 만큼의 대단함으로 와 닿지도 않았습니다. 가족들과 함께하는 저녁만큼은 양보할 수 없었기에 그 후로 아들과 다시 한번 이야기를 나눈 후 배구부에 들어가는 것을 조금 더 고민해보기로 결론을 내렸습니다.

두 남매를 키우는 엄마이지만, 아이가 성장하는 과정에서 무엇이 옳고 그른 것인지 아직도 모르는 것이 많습니다. 그렇지만 가족이 함께 모이는 저녁 식탁은 꼭 지키고 싶었습니다. 특별한 날을 정해서 하는 외식이나 거창한 가족 모임이 아니라 매일의 소소한 밥상을 우리 집 식탁에서 아이들과 나누고 싶습니다. BTS의 신곡 이야기, 새로 나온 게임 이야기도 하면서 말입니다. 아이들이 크면서 각자 보내는 시간이 많아질수록 더더욱 필요한 것이 함께 모이는 식사 시간입니다.

온 가족이 함께하는 식사는 단순히 밥을 먹는 그 이상의 의미를 갖습니다. 아이를 올바른 인성을 가진 자기 주도적이고 똑똑한 아이로 키우고 싶다면 오늘부터 가족 식탁에 다 함께 모여 앉으면 어떨까요? 공부 잘하는 아이로 만드는 비법은 평범한 우리 집 가족 식탁에 있습니다.

하브루타의 시작을 우리 집에서 가장 즐거운 공간이자 가장 편안한 곳인 식탁에서 해보세요. 가족과 함께하는 식탁 하브루타의 가치는 대치동 학원가의 그 어떤 고액 과외도 따라올 수 없습니다.

시험이 없는 학교가 있나요?

미국에는 말을 하지 않으면 쫓겨나는 대학이 있습니다. 바로 세인트존스대학교Saint John's University입니다. 학생이 수업 시간에 말을 안 하면 쫓겨날 위기에 처한다니 우리로서는 상상할 수 없는 일이지만, 그 비싼 수업료를 내고 그 학교에 다니는 학생들에게는 지극히 자연스러운 일이라고 합니다. 이 대학에는 강의와 교수가 없고 전공과 시험도 없습니다. 그런데 왜 비싼 수업료를 내면서까지 다니는 것일까요?

필자가 하브루타를 실천하면서 질문과 대화하는 토론 수업에 목말라 있을 즈음 세인트존스대학교를 졸업한 작가가 쓴 《세인트존스의 고전 100권 공부법》(조한별, 바다출판사, 2016)

을 우연히 읽게 되었습니다. 작가는 강의와 시험이 없는 학교에서 한 것이라고는 오직 토론과 세미나뿐이었다고 말합니다. 시험이 없다고는 하나 토론으로 이루어지는 수업이 시험과 마찬가지여서, 수업에 참여하려면 정해진 분량의 책을 읽고 토론할 질문을 준비해 들어가야 겨우 진도를 따라잡을 수 있었다고 했습니다.

책을 읽으면서 마치 그 대학의 학생이라도 된 듯 심장이 마구 뛰었습니다. 문득 이런 대학에서 4년 내내 토론만 해보고 싶다는 생각에 가슴이 뜨거워지기도 했습니다. 이렇게 마음껏 생각하고 토론하는 학교에 우리 아이를 보내고 싶다는 생각도 간절했습니다.

작가는 외국인으로서 영어도 해야 하고 거기다 고전이나 원서를 읽고 이해하는 것이 큰 산이었을 텐데도 무사히 졸업을 했고, 그 감동과 전율이 책에 고스란히 담겨 있었습니다. 책을 다 읽은 후로도 작가의 이야기가 인상 깊어 며칠 동안이나 마음속에서 큰 울림으로 자리 잡았습니다. 그 또한 제일 힘들었던 것이 질문이라고 했습니다. 책의 서두에서 강의실 가운데에 있는 토론 테이블을 '공포의 직사각 테이블'이라고 표현한 것에서 얼마나 토론이 힘들고 어려웠을지 그 심정을 아주 조금이나마 이해할 것도 같았습니다.

4년 동안 100권이 넘는 고전을 읽고 토론하는 세인트존스대학교에서 강조하는 것은 한 가지, 질문입니다.

'질문하라. 그리고 그 질문하는 과정에서 스스로 배움을 얻어라.'

가르치지 않는 학교, 그곳에서 말하는 배움은 질문을 통해 스스로 깨우쳐 알아가는 진짜 공부였습니다.

"무엇을 배워야 하나요? 어떻게 배워야 하나요? 왜 배워야 하나요?"

이런 질문들로 늘 목말라 있던 필자에게 이 책은 적잖은 충격을 주었습니다. 학창 시절 주입식 교육을 받은 세대이지만, 아이들만큼은 다른 환경에서 공부하게 하고 싶었습니다. 지금의 교육은 30년 전에 비하면 방법이나 환경이 월등히 나아졌음에도 질문이 없는 교실 풍경은 크게 달라지지 않았습니다. 당장이라도 아이들을 데리고 미국으로 날아가고 싶지만, 그럴 수 없다면 이곳의 환경을 비슷하게라도 바꿔주고 싶다는 생각이 간절했습니다. 나부터, 할 수 있는 것부터 바꿔야 했습니다. 혼자서 무엇을 어디서부터 어떻게 바꿔볼지 막막했지만, 그래도 뭔가 시작은 하고 싶었습니다.

그래서 시작한 것이 식탁 하브루타입니다. 미국 오바마 대통령이 그랬던 것처럼, 워런 버핏이나 스티븐 스필버그를 키워낸 어느 유대인 가정들처럼 저녁 식사 시간만큼은 무슨 일이 있어도 그 어떠한 약속보다도 소중하게 지키려 노력하고 있습니다. 유대인이 가족 저녁 식사 시간을 최우선으로 지키려 했던 이유는 가족간의 대화와 토론이 있기 때문일 것입니다. 세인트존스대학교에서의 대화와 토론 수업은 이것의 연장선이 아닐까요?

조금만 다르게 생각하면 볼 수 있습니다. 조금만 생각을 바꾸어도 지금과 다른 즐거운 공부 방법을 찾을 수 있습니다. 아이가 행복해지길 바란다면, 자신만의 가치관을 가지고 올바르게 크기를 바란다면 좋은 교육 방법을 전수받아 내 아이에게 적용하는 것이 아니라 부모가 먼저 바뀌어야 합니다. 필자 또한 '이런 사람이 되어라, 훌륭한 사람이 되어야 한다'는 식으로 가르치는 교육이 아니라 부모의 모습을 보고 배우기를 기대하며 먼저 변화하는 모습을 보여주기 위해 늘 노력하고 있습니다.

하브루타 엄마의 변화는 질문에서부터 시작됩니다. 가르침 모드를 과감히 버리고 아이가 스스로 배우도록 북돋아주기 위해 질문해야 합니다. 질문하는 것은 우리 집을 세인트존스대학교로 만드는 것과 다름없습니다. 식탁은 언제나 열려 있는 토론 테이블이 되어줄 것이고 부모는 언제나 질문을 기꺼이 받아주는 짝이 되어주면 됩니다.

초보 하브루타 엄마를 위한 그림책 사용설명서

'하브루타'는 짝과 함께 질문하고 대화하고 토론하고 논쟁하는 것을 뜻하며, 짝을 의미하는 '하베르haber'라는 말에서 유래했습니다. 처음 하브루타를 접한 부모라면 이런 말부터가 어렵게 느껴질 수 있습니다. 아이가 묻는 말에 대답하는 것도 어려운데, 서로 질문을 주고받고 토론하는 것은 무리로 느껴집니다. 거기다 유아나 초등 저학년 아이들은 더욱 토론하기가 어렵습니다. 질문 그 자체가 벽으로 느껴지기 때문입니다.

하브루타를 쉽게 이해하기 위해서는 두 가지만 기억하면 됩니다. 첫째, 짝이 꼭 있어야 하고 둘째, 짝과 함께 이야기 나눌 주제가 있어야 합니다. 주제 없는 질문을 하면 엄마도 아이도 막연하고 어렵습니다. 그래서 질문을 주고받기 위한 주제가 꼭 필요한 것입니다. 대화 주제는 일상이나 사회적 이슈, 집 안에 있는 물건이나 음식, 주변의 사물들까지 모두 가능합니다.

아이의 연령이 낮아 어휘력과 표현력이 부족해 대화가 어렵다면 그림책 대화를 추천합니다. 아이와 쉽게 질문 놀이를 하는 매개체로 그림책만 한 것이 없습니다. 그림책에는 아이가 보고 느끼고 상상할 수 있는 모든 것들이 담겨 있기 때문입니다. 게다가 주변에서 손쉽게 구할 수 있습니다. '그림책은 애들이나 보는 책 아니야?'라고 생각할 수도 있습니다. 그러나 그림책이 주는 울림과 공감의 파장은 영·유아부터 노인에 이르기까지 전 세대를 아우릅니다.

아이와 당장 하브루타를 시작하고 싶다면 그림책을 집어 들고 소파에 앉아보세요. 아이가 잠들기 전 침대 머리맡에서 그림책을 펼쳐보세요. 언제 어디서든 부담 없이 책을 가까이 하도록 눈길 닿는 여러 곳에 책을 두어야 합니다. 오늘부터 식탁, 침대 머리맡, 거실, 차 안 등 아이의 손이 닿는 곳에 그림책을 준비해보세요. 가족 외식을 하는 식당에서도, 햇볕 좋은 공원에서도 아이의 손에 스마트폰 대신 그림책을 쥐여주세요. 그림책만 있다면 언제 어디서든 아이와 질문과 대화를 나눌 수 있습니다.

미국 SF 영화의 거장 스티븐 스필버그는 본인의 창의력과 상상력은 잠들기 전 머리맡에서 책을 읽어주던 어머니 덕분에 길러졌다고 밝힌 바 있습니다. 그의 어머니는 항상 이야기 책을 한 번에 다 읽어준 적이 없다고 합니다.

"다음 이야기가 궁금하니? 나머지는 내일 또 읽어주마."

매일 밤 다음 이야기가 궁금했던 그는 흥미로운 그 이야기에 밤새도록 상상의 나래를 펼쳤고, 그 상상력과 창의력은 후에 그가 만든 영화 속에서 고스란히 빛을 발하게 되었습니다. 호기심을 가지고 다음 이야기를 기다리는 동안 더 커지는 그 기대감은 다음 날 엄마와의 책 읽는 시간을 더 애틋하게 만들어줍니다.

이렇듯 무한의 상상력을 가져다주는 그림책 하나면 언제 어디서든 아이와 손쉽게 하브루타를 적용해볼 수 있습니다. 먼저 그림책 표지를 보며 질문을 시작해보세요.

- 뭐가 보이니?
- 어떤 기분일까?
- 여기는 어디일까?
- 주인공은 무슨 생각을 하는 것일까?

그림책의 내용을 전혀 알지 못하는 상황에서 던져지는 몇 가지 질문이 아이의 호기심을 불러일으킵니다. 책의 내용이 궁금해지기 시작하면 아이는 어느새 엄마 옆에 바짝 붙어와 앉습니다. 이야기를 다 읽고 나면 책 내용에 관한 질문을 나눠 봅니다.

- 등장인물은 누가 있었니?
- 혹부리영감은 왜 산에 갔을까?
- 산속에서 길을 잃은 영감은 무엇을 발견했을까?
- 그 집은 누가 사는 집일까?
- 혹부리영감은 왜 노래를 불렀을까?

'내용 하브루타'는 그림책 내용 속에 있었던 일들에 대한 사실 질문입니다. 엄마와 함께 이야기를 읽고 이해했다면 아이도 쉽게 내용을 떠올리면서 대답할 수 있습니다.

책 내용에 관한 이야기를 나누었다면 책에 나오지 않은 이야기를 질문해봅니다. 이는 등장인물들의 감정이나 생각을 질문하는 '심화 하브루타'입니다. 주인공의 표정이나 말투로 그 생각이나 마음을 짐작해서 대답할 수 있습니다. 초등학교 4학년 국어 교과서에서 '답을 찾을 수 없는 질문'이라고 나오기도 한 부분입니다.

• 혹부리영감은 산속에서 길을 잃었을 때 누가 가장 보고 싶었을까?

• 도깨비들이 나타났을 때 혹부리영감은 기분이 어땠을까?

• 도깨비들이 제일 소중하게 생각하는 보물은 무엇일까?

• 혹부리영감은 혹을 떼고 난 후 무엇이 가장 좋았을까?

책에는 나와 있지 않지만 등장인물들의 생각이나 마음을 추측하고 상상해보는 심화 하브루타는 하브루타 질문 놀이에서 그 의미가 매우 큽니다. 상대방의 마음을 헤아리는 공감 능력, 즉 그 사람의 입장이 되어 생각해보는 연습을 통해 역지사지하는 마음을 기를 수 있기 때문입니다. 아이의 공감 능력이 좋을수록 교우 관계나 사회성 또한 좋아집니다.

마지막으로 책을 통해 느낀 점을 '나라면', '내 친구였다면', '만약 ~라면' 하고 실생활에 적용해보는 '적용 하브루타'를 해봅니다.

• 혹부리영감에게 혹이 없었다면 도깨비들에게 무엇을 노래주머니라고 말했을까?

• 만약 도깨비들이 가짜 노래 주머니에 속은 것을 알고 착한 혹부리영감을 찾아갔다면 어떻게 되었을까?

• 만약 내가 산속에서 혹부리영감처럼 혼자 무서움을 달래야 한다면, 노래 말고 무엇을 할 수 있을까?

• 만약 내가 도깨비들을 만났다면 어떻게 그곳을 빠져나왔을까?

아이와 함께 질문하고 대화를 나누는 가장 쉬운 방법은 바로 그림책 속에 있습니다. 욕심내지 말고 매일 단계별로 하나씩 질문을 연습해보세요. 엄마가 먼저 재밌게 책을 읽으면 아이는 저절로 질문하게 됩니다. 내 아이의 생각이 알고 싶다면, 내 아이의 마음이 궁금하다면 함께 그림책을 읽으며 아이의 질문을 지지하고 격려하는 짝이 되어주세요.

Chapter 3

정답을 좇는 엄마보다 질문을 찾는 엄마가 돼라

HAVRUTA

아이의 자기 주도성은 질문하는 엄마가 만듭니다

자기 주도성은 아이 혼자 키울 수 있는 것이 아닙니다. 아이를 지지하고 격려해주는 부모의 역할이 반드시 필요합니다. 아이의 실수를 너그럽게 허용하는 부모의 열린 마음이 스스로 도전하고 자기 힘으로 문제를 해결하려는 자기 주도적 의지를 만들어주기 때문입니다.

내 아이를 자기 주도적으로 생각하고 행동하는 아이로 키우고 싶은 것은 모든 부모의 소원이지만 쉽지 않습니다. 정확히 말하자면 그 방법을 잘 모르고 있습니다. 가정에서 제대로 아이를 교육하지 못하면서 밖에서는 자기 주도적으로 행동하기를 바란다면 아이들도 혼란스러워 하지 않을까요? 그렇다면 아이의 자기 주도적 사고는 어떻게 길러야 할까요? 유치원 교실에서 흔히 볼 수 있는 미술 활동 시간을 예로 들어보겠습니다.

> 선생님: **친구들! 우리가 방금 바깥에서 살펴보고 온 것들이 있지요? 지금 도화지에다 그림으로 표현해볼까요?**
>
> 은별: **선생님, 다 그렸어요.**
>
> 선생님: **은별이는 나비를 그렸구나. 그런데 은별아, 바깥에 나비만 있었어? 또 무엇을 보았지?**
>
> 은별: **풀숲이요.**
>
> 선생님: **그래, 그럼 나비 주변을 풀과 나무로도 표현해볼까? 선생님한테 묻지 말고 천천히 생각해서 그려봐요.**
>
> 은별: **선생님, 풀 다 그렸어요. 그다음에는 뭐해요?**
>
> 선생님: **은별이 주변에 사랑반 친구들도 함께 있었잖아. 친구들도 그려볼까?**
>
> 은별: **선생님, 친구도 그렸어요. 그다음은요?**

은별이는 왜 스스로 생각하지 않고 자꾸 선생님에게 물어보는 것일까요? 선생님은 왜 은별이가 해야 할 것들을 계속 알려줘야만 했을까요? 위의 예는 아이들이 교사의 지시에 따르도록 가르친 우리나라 교육의 단면을 보여주고 있습니다.

지금까지의 교육이 그러하지 않았나요? 교실에서 말하는 사람은 교사이고, 아이들은 조용히 들을 뿐이었으니까요. 많은 교실에서 다채로운 생각보다 하나의 답, 정해진 답을 원했습니다.

교육 환경이 이런데도 불구하고 엄마들은 아이가 알아서 스스로 결정하고 문제를 해결하기를 바랍니다. 그런데다 아이가 스스로 결정한 것의 결과가 좋지 못하면 냉정하고 단호하게 대합니다. 우리 모두 되돌아봐야 합니다. 정작 우리는 아이에게 조금의 너그러움도 수용하지 않으면서 정해진 답만을 강요하고 있었던 것은 아닐까요?

부모와 교사의 지시에 따르기만 하던 아이들이 스스로 생각하고 문제를 해결하지 못하는 것은 당연한 일입니다. 우리는 아이 스스로 생각할 겨를도 주지 않고 질문에 대한 답을 생각할 시간조차 허용해주지 못하는 늘 바쁜 엄마, 늘 시간이 부족한 엄마라는 이유로 변명을 하고 있습니다. 은별이와 선생님의 대화처럼 아이는 계속 지시 사항을 묻고 선생님은 계속 알려주는 역할이 반복된다면 더 이상 아이의 주도성은 기대할 수 없습니다.

양육자라면 누구라도 지시하기 이전에 아이의 생각을 먼저 물어봐야 합니다. 아이보다 우월하다는 수직관계에서 벗어나 어린아이라도 어른들과 동등하게 생각을 나누는 수평 관계를 만들어가야 합니다. 수직 관계에서는 지시와 명령의 언어가 나오지만 수평 관계에서는 존중과 권유의 언어가 나오기 때문입니다.

여러분이 주 양육자라면, 지금 아이에게 질문해주세요. 어쩌다 한 번의 질문도 좋습니다. 그런 시도가 한 번이 되고 두 번이 될 때 우리 일상 속에서 훈련이 되고 습관으로 자리 잡힐 수 있습니다. 나부터 질문을 어려워하면 안 됩니다. 아이에게 무엇이든지 물어볼 수 있어야 합니다. 이때 내가 하는 질문이 예 또는 아니오로 단답형 대답을 유도하는 '닫힌 질문'인지, 다양한 답을 이끌어내는 '열린 질문'인지를 고려해야 합니다.

대부분의 부모가 곧잘 닫힌 질문을 하고서는 아이와 대화가 안 된다고 쉽게 포기합니다. 질문하면서 아이의 반응을 보면 나의 질문이 어디가 잘못되었는지 또는 좀 더 다르게 물어볼 수 없었는지 고민하게 되고, 그러다 보면 질문의 기술이 늘고 더 좋은 질문도 나오게 됩니다. 다양한 답이 나올 수 있는 열린 질문은 핑퐁 대화로 쉽게 이어지도록 부모와 자녀 사이에 튼튼한 다리가 되어줍니다.

질문은 꾸준히 연습해야 익숙해집니다. 질문에 익숙해진 아이는 생각하는 것이 더 이상 힘들지 않습니다. 질문을 받고 스스로 생각하는 즐거움이 아이로 하여금 저절로 자기 주도성을 가지도록 만들어줄 것입니다.

아이와 함께 있는 시간, 언제 어디서든 가벼운 질문으로 일상 하브루타에 도전해보면 어떨까요? 아이의 자기 주도성은 결국 질문하는 엄마로부터 만들어지니 말입니다.

아이의 자기 주도성 키우기, 마음을 묻는 질문으로 시작해보세요

우리는 일상에서 아이에게 자기 주도성이 왜 필요한지를 알아보았습니다. 전문가들은 왜 입을 모아 문제 해결력이 있는 자기 주도적인 아이의 상을 강조하는 것일까요? 세상의 모든 엄마들은 꿈꿉니다. 그것은 잘 생기고 인성도 바르며 전교 1등을 놓치지 않는 '엄친아'가 아닙니다. 올림픽 금메달리스트처럼 끈기와 인내로 훈련을 감당하여 결국은 대한민국의 이름을 널리 알리는 국가대표도 아닙니다. 엄마들의 꿈은 바로 우리 아이가 자기 주도적인 아이가 되는 것입니다. 스스로 생각하고, 스스로 판단하고, 스스로 행동하며 실천하는 자기 주도적인 아이 말입니다.

우리 아이들은 왜 자기 주도성을 갖추기 어려운 것일까요? 왜 그런 아이로 키우는 것이 어렵다고들 하는 것일까요? 필자는 앞에서 불량 엄마가 건강한 아이를 키운다고 강조한 바 있습니다. 엄마가 불량한데 어떻게 아이는 건강하게 키운다는 것인지 말이 되지 않습니다. 그래서 우리는 불량 엄마에 대해서 알아보았습니다.

필자가 말하는 불량 엄마는 '성실표 엄마'와는 다릅니다. 아이에게 묻지 않고 엄마가 먼저 알아서 해결해주는 '성실표 엄마'가 아닙니다. 아이가 도움을 청하기 전까지 아이를 믿고 끝까지 바라봐주는 엄마입니다. 아이가 스스로 헤쳐 나갈 수 있도록 기회를 곳곳에 열어주기도 합니다.

물론 그것에 따른 실수도 허용해야 합니다. 아이가 부모에게 의지하기보다 먼저 스스로 헤쳐 나가는 힘을 기르도록 불량 엄마는 지켜볼 뿐입니다. 그래서 우리는 언뜻 그런 엄마를 아이에게 소홀하거나 방관한다고까지 생각할 수도 있습니다. 지금까지 우리가 아는 부모의 사랑이란 아이를 위해 얼마만큼 희생하고 도와주는지 그 크기로만 비교하려고 했기 때문입니다. 그러니 지켜만 보는 부모는 불량해 보일 수밖에요.

주도적인 아이로 키우기 위해서는 반드시 엄마가 먼저 변화해야 한다고 했습니다. 열린 마음으로 아이를 바라보고 수용하는 일관된 자세여야 한다는 것도 기억해야 합니다. 이것은 하브루타를 말하면서 필자가 가장 강조하는 부분이기도 하지만 어떤 공부나 수업이든지 그 시작은 관계 형성이 먼저입니다.

하브루타를 논하면서 유대인의 이야기가 빠질 수 없습니다. 그들의 역사를 살펴보면, 유대인이 소수민족이면서도 세계의 정상에 우뚝 설 수 있었던 힘은 유대인 엄마에게서 비롯된다고 나옵니다.

> 유대인들은 유대인의 정체성을 지켜가는 핵심에 엄마가 존재한다고 믿는다. 그만큼 유대인에게 있어서 엄마의 존재는 가정의 영혼이라고 할 만큼 큰 의미를 갖는다. 유대인 엄마에게 왜 아이를 많이 낳느냐고 물어보면 자신의 삶에 즐거움을 더하기 위해서라고 이야기한다. 베갯머리 교육으로 평생의 기초를 만들고 영·유아기에 기본 생활 습관을 철저히 가르친다. '유대인의 저력은 엄마가 키운다'라고 할 정도로 하브루타로 세계 최고의 인재를 키워낸 유대인 엄마의 현명함을 뒷받침하는 일화들은 너무나 많다.
> 자녀들을 자연스럽게 식탁으로 불러 모으기 위해서 유대인 엄마는 항상 맛있는 디저트를 준비한다. 아이스크림이나 차, 다과 등 다양한 메뉴들로 아이들이 식탁에 모여들면 디저트를 먹으며 자연스럽게 대화로 또 이어지는 것이다. 이런 후식

문화로 우리가 알고 있는 아이스크림, 도넛, 커피 등 세계적 인 디저트 식품들이 유대인의 손에서 만들어졌다.

– 전성수, 《유대인 엄마처럼 격려+질문으로 답하라》
(국민출판, 2014) 중에서

그렇다면 우리나라 가정의 모습은 어떠할까요? 아이와 대화를 시도하기 위해서 엄마는 무엇을 준비하나요? 준비가 아니더라도 어떤 마음가짐으로 대화를 시도해보았나요? 대화란 상대방과 주고받는 이야기입니다. 나만 이야기를 해도 안되고 상대방이 혼자서만 떠들어도 대화라고 할 수 없습니다. 쉽게 말해 너 한 번, 나 한 번 주고받는 핑퐁 대화를 뜻하는 것입니다. 이것을 알면서도 막상 아이와의 대화에서 우리는 어떠했을까요?

엄마는 마음이 급합니다. 항상 여유가 없습니다. 회사도 가야 하고 집안일도 해야 하고 아이 숙제도 봐줘야 하고 시댁도 챙겨야 하니 마음이 급하고, 그래서 우리 엄마들은 늘 시간이 없다고 말합니다. 아이의 말에 귀 기울여 줄 시간은 늘 부족하고, 아이와 오붓하게 그림책을 읽을 마음의 여유조차 없다고 합니다. 마음에 여유가 없으니 지시와 명령의 언어만 마구 방출하게 되는 것입니다. 아이에게 질문할 여유가 없으니 그것은 다음에 다시 이야기하고 '일단 숙제부터 하라'고 말합니다.

재미있는 영화인 줄 알지만 나중에 보고 '일단 학습지 먼저 풀라'고 말합니다. 이해하지만 일단 안 된다는 말은 이해를 안 한다는 것과 같지 않을까요? 일단 숙제부터 하라고 말하는 엄마에게 아이는 무언가 존중받지 못한 느낌을 가지지 않을까요? 학습보다도 아이의 감정을 읽어주는 것이 먼저라는 가장 중요한 사실을 우리는 늘 잊고 있습니다.

그래서 질문하고 대화하는 하브루타가 필요합니다. 딸아이의 방문을 열고 들어가 '엄마랑 얘기 좀 하자'라며 말하기보다 마음을 물어봐주는 가벼운 질문 하나가 아이로 하여금 엄마 옆에 와서 앉도록 만들어주기 때문입니다. 새 학기 어린이집에 적응하지 못한 아이가 교실 문 앞에 내내 서 있다가 선생님의 재미있는 이야기에 조금씩 가까이 한 발짝 한 발짝 다가오듯이 말입니다. 그러면 우리는 못 이기는 척 받아주면 되니 질문의 효과란 얼마나 대단한 것인가요?

지난 겨울방학에 아이들과 함께 눈물 글썽이며 보았던 영화 〈알라딘Aladdin〉(2019)의 한 장면이 떠오릅니다. 램프 속 지니는 늘 질문을 합니다. 당연하다는 듯이요.

"소원이 무엇입니까, 주인님?"

그런데 램프를 문지른 알라딘은 되레 램프 요정 지니에게 '너는 소원이 있느냐'고 묻습니다. 지니가 당황하며 대답하는 모습이 지금까지도 꽤나 인상적으로 기억에 남아 있습니다.

사람들은 자신에게 늘 소원을 말할 뿐, 아무도 지니에게 소원을 물어봐주지 않았던 것입니다. 당연한 것에 대한 당연하지 않은 질문! 질문이라는 게 그런 것입니다.

"저 사람은 왜 막대기를 들고 걸어?"

"응, 시각장애인이라서 그래."

"와, 재밌겠다."

그림책 《보이거나 안 보이거나》(고향옥 역, 토토북, 2019)를 쓴 작가 요시타케 신스케ヨシタケ シンスケ가 책을 쓰게 된 에피소드에서 소개했던 이야기입니다. 아이가 시각장애인을 보고 재미있겠다고 말을 하다니, 어느 부모라도 큰일 날 소리라고 호통치고 야단칠 일이지만 요시타케는 그 당연한 이야기에 질문을 던졌습니다.

'아이는 왜 앞이 보이지 않는 불편함을 재미있겠다고 생각했을까?'

그의 이런 질문이 '보이거나 안 보이거나'라는 그림책을 탄생하게 했습니다. 왜 그래야 했는지, 누구나 당연하게 생각해온 것들에 대해 묻는 것. 그것이 질문의 힘이고 바로 하브루타의 힘입니다. 늘 게임만 좋아하는 아들에게 게임 좀 그만하라는 지시와 명령 대신 질문을 해보는 것은 어떨까요?

- 이 게임은 재미있어 보이는구나! 엄마도 알고 싶은데, 어떤 게임인지 설명해줄 수 있을까?
- 최고로 높았던 게임 점수는 몇 점이었니?
- 같은 팀끼리 어떤 역할을 했을 때 이기는 데 도움이 되었니?

오늘 엄마의 질문에 내일 아이가 한 발짝 다가올지도 모릅니다.

"엄마, 오늘 제가 너무 게임에만 열중했죠? 오늘은 여기까지만 할게요."

정말 희한하기 그지없습니다. 지시와 명령을 하지 않았는데 아이는 자신의 행동을 돌아보고 엄마에게 직접 그만하겠다고 말합니다. 그리고 바로 정리하며 행동으로 옮깁니다. 마음을 묻는 질문이 아이의 마음을 움직인 것입니다.

우리가 주로 던지는 질문은 사실을 확인하기 위한 질문입니다.

- 숙제는 다했니?
- 학습지는 끝냈니?
- 수학 학원은 다녀왔니?

습관적으로 사실을 확인하는 대표적인 엄마표 질문들입

니다. 그러나 일상 하브루타에서 우리에게 필요한 것은 아이의 마음을 물어보는 질문입니다.

- 오늘 학교에서 무슨 시간이 제일 재밌었어?
- 요즘 마음이 잘 맞는 친구는 누구니?
- 오늘 수업 시간에 힘든 일은 없었니?

마음을 물어보는 질문이 아이 마음의 문도 쉽게 열어준다는 사실을 기억하는 것은 어떨까요?

질문은 존중한다는 의미입니다. 마음을 물어봐주는 질문은 '엄마는 지금 너의 생각을 들어줄 준비가 되어 있어'라는 신호를 주는 것과도 같습니다. 이런 공감 질문에 마음을 열지 않을 아이가 어디 있을까요? 이렇게 대화를 주고받다 보면 아이와의 관계도 자연스레 좋아질 것입니다. 아이와의 관계가 좋아지면 그때 엄마가 하고 싶었던 이야기들을 진솔하게 전해도 늦지 않습니다. 지금은 왜 게임을 하면 안 되는지, 왜 공부를 하라고 하는지, 왜 책을 읽어야 하는지 아이는 반항심만 가질 뿐이니까요.

관계 회복이 된 이후에는 아이와 언제든지 깊이 있는 대화가 가능해집니다. 엄마 혼자만 잔소리를 하는 일방적인 대화가 아니라 아이의 생각을 듣고 엄마의 메시지도 전하는 핑퐁 대화 말입니다.

일상에서 하브루타로 질문하는 엄마가 되어보는 것은 어떨까요? 물이 다 빠져버렸는데도 콩나물시루에 콩나물이 자라나듯 엄마의 질문에 아이의 자기 주도성이 어느새 쑥쑥 자라날 것입니다.

지금 우리 아이는 바로 그 '왜?'가 제일 궁금합니다

지시와 명령으로 아이의 행동과 생각을 바꾸기는 어렵습니다. 그것은 엄마의 생각을 주입하는 것일 뿐, 아이의 행동 수정에는 전혀 변화를 주지 못합니다. 아이가 스스로 생각하고 판단했을 때 같은 실수가 반복되지 않는 이유는 스스로 생각해서 행동으로 옮긴 것이 장기 기억으로 저장되기 때문입니다. 다시 말해 양육자가 아무리 말해주어도 스스로 생각하지 않는 주입식 교육은 그저 잔소리에 불과하다는 것입니다.

겨울에 여름옷을 입고 가겠다는 아이는 왜 그런 생각을 하게 된 것일까요? 아이가 원하는 것을 허용해주고 난 뒤 왜 그 옷을 지금은 입으면 안 되는지에 대해서 아이와 하브루타를 나누었습니다.

- 추운 겨울에 사람들은 어떤 옷을 입고 다닐까?
- 여름옷과 겨울옷의 차이는 무엇일까?
- 오늘 그 옷을 입고 나가니 어떤 기분이 들었어?
- 네가 입은 옷과 친구가 입은 옷은 어떤 점이 달랐을까?
- 감기에 걸리면 어떻게 될까?
- 감기에 걸리지 않으려면 어떻게 해야 할까?
- 엄마는 왜 두꺼운 옷을 입으라고 하는 것일까?
- 옷에는 어떤 기능이 있을까?

하브루타 대화를 하면 아이에게 생각하는 힘이 생깁니다. 엄마도 그저 교훈을 전달하려고만 하는 주입식에서 벗어나 다시 한번 아이와 생각해보는 시간을 가질 수 있습니다.

하브루타에서 질문하는 것만으로 내 아이에게 큰 변화를 기대할 수는 없습니다. 아이를 대하는 엄마의 태도에도 변화가 필요합니다. 질문만 한다고 해서 다 해결되는 것은 아닙니다. 질문하기 이전에 열린 마음을 가지는 게 우선입니다. 무조건 안 된다고 하기보다는 허용의 범위를 넓게 가져야 합니다. 우리는 아이에게 안 된다는 말을 하루에 몇 번이나 할까요? 실제로 각자 종이를 주고 생각나는 대로 적어보게 했더니, 잠깐 사이에 50가지를 쓴 엄마도 있었습니다.

• 사탕 먹으면 안 돼.
• 나가면 안 돼.
• 뛰면 안 돼.
• 올라가면 안 돼.
• 만지면 안 돼.

왜 엄마는 안 된다고만 말할까요? 엄마가 된다고 하는 것은 뭐가 있을까요? 그림책 하브루타 수업 때 만난 일곱 살짜리 아이가 했던 말이 생각납니다.

"선생님, 우리 엄마는 다 안 된다고 해요. 어차피 말해도 안 된다고 할 거예요."

아이가 싱크대 문을 열어 냄비며 국자를 모조리 꺼내놓고 소꿉놀이를 하려고 하면, 싱크대에 손만 닿아도 손사래를 치며 만지지 못하게 하는 엄마들도 많을 것입니다. 하지만 허용의 범위를 조금 넓혀서 날카로운 칼이나 깨지는 유리만 아니라면 한 번쯤은 그렇게 하도록 허용해주어도 크게 문제될 것은 없습니다. 아이가 그림책들을 모두 꺼내서 집을 짓고 논다고 거실을 난장판으로 만든다고 해서 안 된다고 말하지만 말고 허용 범위를 좀 더 넓게 생각해서 책을 찢거나 낙서를 하는 것만 아니라면 그렇게 책으로 얼마든지 집을 지어 놀아보는 것도 좋다고 생각해보세요.

필자도 어린 시절에 그림책 전집을 가지고 집을 짓고 놀았습니다. 그때는 지금과 달라 장난감이 부족할 때였으니 허용되었는지 모르겠지만, 책장에 있는 전집을 모조리 꺼내서 방바닥에다 깔고 계단도 만들어 집이라며 놀았던 기억이 생생합니다. 지금 생각하면 그렇게 놀아도 혼내지 않았던 필자의 엄마가 참 대단하고 고맙습니다. 그런 경험으로 성장한 필자 또한 아이들의 엉뚱한 놀이들을 열린 마음으로 볼 수 있으니 말입니다.

처음 하브루타를 시작할 때는 시간이 필요합니다. 엄마도 질문하기가 처음이고, 아이도 질문 받는 것이 익숙하지 않기 때문입니다. 엄마들 대부분이 아이와 질문하고 대화하기를 빨리 포기하는 이유가 하브루타는 시간이 오래 걸린다고 생각하기 때문입니다.

하브루타 대화를 하려면 시간이 필요한데, 아침은 바쁘니까 일단 그냥 어린이집으로 보냅니다. 오후에 아이가 집에 오면 시도해봐야지 하지만, 또 엄마는 집안일로 마음이 급해집니다. 그러다 보면 하브루타를 하는 것이 부담스럽게 느껴집니다. '그냥 말해도 알아듣는 것을 뭐 굳이 하브루타를 해야 하나' 하고 합리화하기도 합니다. 물론 처음 질문을 시도하고 대화하는 데 다소 기다림의 시간은 필요합니다. 아이도 대답하는 데 생각할 시간이 필요합니다.

자신의 생각을 말하는 것이 쉽지 않아 망설이거나 머뭇거리면 지켜보는 엄마는 답답함에 지쳐버리고 맙니다. 그러나 그렇게 한 번, 두 번 하면 그다음은 아이가 달라집니다. 한 번도 물어본 적 없는 엄마의 질문이 익숙해질 때쯤 아이는 대답을 생각하게 되는 것입니다.

아이가 바로 대답하지 않더라도 조급해하지 마세요. 그 시간이 익숙해지면 그다음부터는 질문을 받고 생각하기가 훨씬 쉬워지니까요. 대답도 훨씬 빨리 나오고 어느새 핑퐁 대화가 이루어집니다. 묻는 엄마도 즐겁고 대답하는 아이도 재미있습니다. 생각하는 것이 즐겁다고 느끼게 됩니다. 이것이 하브루타를 반드시 해야 하는 이유입니다. 스마트폰 세대인 우리 아이들에게 빠른 답을 주는 검색 기능보다 생각하는 즐거움을 심어줘야 합니다. 생각하는 근육을 단단하게 만들어줘야 합니다.

우리 집은 아들이 건조대에 널어놓은 빨래 개기를 제일 잘합니다. 처음에는 말썽부린 벌로 한두 번 시켰던 것이 지금은 속옷은 속옷대로, 양말은 양말대로, 겉옷은 겉옷대로 얼마나 깔끔하게 정리를 잘하는지 모릅니다. 수학 실력이 저렇게 점점 늘면 얼마나 좋을까 싶지만, 수학이 빨래 개는 것처럼 쉽지는 않으니 아들을 이해하기로 했습니다. 어쨌든 집안일 참여는 아이도 엄마도 윈윈하는 방법임에는 틀림없습니다. 그 후로도 아이들에게 계란프라이 해보기, 라면 끓이기, 식사 후 빈 접시와 그릇을 설거지통에 담기, 설거지해보기, 청소기 돌리기, 재활용 분리수거 내놓기 등 다양한 집안일에 참여하도록 기회를 주었습니다.

아이가 함께할 수 있는 집안일은 생각보다 다양합니다. 물론 그것이 가능한 적당한 시기에 참여시켜야 함은 당연한 사실입니다. 지인에게 이런 일상을 이야기했더니 아동 학대 아니냐며 한바탕 웃은 적도 있었습니다. 지시와 명령으로 아이들이 집안일에 참여했다면 그건 윈윈이 될 수 없습니다. 아이에게 도움을 요청하는 것도 질문으로 할 수 있습니다. 그래서 함께 윈윈하기 위해 하브루타를 꼭 해야 합니다.

"태윤아, 엄마가 지금 설거지도 해야 하고 청소기도 돌려야 하고 빨래도 정리해야 하는데, 태윤이가 한 가지만 도와줄 수 있을까?"

물론 질문 안에는 무엇을 정하든 집안일을 도와야 한다는 엄마의 꼼수가 들어 있습니다. 하지만 아이는 선택할 수 있습니다. 그리고 질문에 대한 선택권을 가진 아이는 엄마가 지시하고 명령할 때보다 훨씬 더 기쁘게 도와주게 됩니다. 물론 예상외의 대답으로 엄마의 요청이 거절당할 수도 있습니다. 모든 질문에 아이가 성실하게 답해주지는 않으니까요. 그렇다고 여기서 엄마의 하브루타 질문이 끝나면 안 됩니다. 질문의 횟수가 늘어날수록 엄마의 질문은 더 좋은 질문을 만들어내게 되고, 아이는 엄마에게 질문을 받음으로써 존중감을 느끼고 자존감이 자라기 때문입니다. 실수가 실패는 아닙니다. 질문이 잘못되었다고 좌절하지 말고 다른 방법으로 다시 한번 더 나은 질문으로 시도하면 어떨까요?

다시 필자의 경험으로 돌아와서 이런 질문과 선택을 거치면서 지금 우리 아이들은 역할 분담이 확실해졌습니다. 식탁에 수저 놓기, 컵에 마실 물 준비하기, 냉장고에서 반찬 꺼내기 등은 딸이 담당하고, 다 먹은 그릇 정리하기, 반찬 뚜껑 덮어 냉장고에 넣기, 식탁 닦기 등은 아들이 담당하니까요. 일상에서 각자의 역할을 담당하는 모습을 보면 뿌듯합니다. 이것도 하는데 더한 것도 못하랴 싶어 믿음직스럽기까지 합니다. 처음부터 무조건 다 안 된다고 했다면 우리 아이들은 일상에서 경험할 기회조차 갖지 못했을 것입니다. 가족 안에서의 역할 분담도 없었을 것이고, 지금처럼 엄마도 아이들도 행복한 모습이 만들어지지 못했을 것입니다.

"너의 생각은 어떠니?"

그리고 반드시 따라와야 하는 질문을 해주세요.

"왜 그렇게 생각해?"

엄마 눈에는 그저 불안하고 위험한 게 천지인 세상입니다. 이 순간에도 아이가 걱정되는 엄마는 다 안 된다고 말하고 있을 것입니다. 아이에게 안 된다고 말하기 전에 왜 하면 안 되는지에 대해 먼저 설명해주는 것은 어떨까요? 지금 우리 아이는 바로 그 '왜'가 제일 궁금하기 때문입니다. 안 되는 이유를 설명하고 아이의 생각도 물어봐주세요. 아이도 다 하고 싶은 이유가 있고 생각이 있습니다.

바쁜 아침을 하브루타로 시작하세요

불량 엄마의 아침 풍경은 정말 불량 그 자체입니다. 아침에 일찍 일어나서 식사 준비하는 것이 왜 그렇게 힘든 것일까요? 세상의 모든 엄마는 늘 만성피로를 달고 산다고 하는데 정말 그런 것일까요, 아니면 필자가 잠이 많고 아침에 일어나는 것이 힘든 엄마이기 때문일까요?

항상 잠들기 전에는 여유 있는 아침을 꿈꾸지만 아침잠이 많아서인지 여전히 새 아침이 밝으면 눈을 뜨기가 힘듭니다. 그런 필자에게 다행스럽게도 아침형 아이들이 태어나줬습니다. 이 녀석들은 신기하게도 시간 약속도 잘 지켜줍니다. 시간 개념을 바쁜 불량 엄마 덕분에 스스로 깨우친 것일까요? 아침에 아이들을 깨우면서 큰소리를 내지 않습니다. 가벼운 음악이나 라디오에서 흘러나오는 디제이의 경쾌한 목소리로 분위기를 환기시킵니다.

“벌써 8시야! 지금 일어나서 씻어야 아침밥을 먹고 나갈 수 있어.”

큰아이가 일어날 듯 말 듯 못 일어납니다. 8시 10분이 됩니다.

“지금 바로 일어나지 않으면 오늘은 지각할 것 같은데, 어떡하면 좋겠니? 얘들아!”

그때서야 두 아이가 일어나고 번갈아 화장실에 들어가면서 바쁜 아침 일상이 시작됩니다.

“엄마, 제 멜빵바지는 어디에 있어요?”

“어젯밤 세탁기에 넣어 돌려서 아직 안 말랐을 텐데, 다른 옷을 입으면 안 될까?”

“네, 알겠어요. 그럼 청바지 꺼내서 입을게요.”

“고마워. 오늘 하루 말려놓으면 내일은 입을 수 있을 거야.”

“엄마, 오늘 아침은 안 먹고 싶어요.”

“그래? 아예 안 먹고 가면 배가 고파서 수업에 집중이 안 될 텐데…. 그럼 빵은 어때?”

“네, 좋아요. 그럼 식빵 구워 주세요.”

“응, 그건 금방 해줄 수 있어. 그동안 옷을 꺼내 입으면 좋겠다, 아들."

바쁜 아침, 누구나 겪는 정신없는 시간. 아이들이 어린이집을 다닐 때부터 아이들에게 스스로 선택하는 기회를 주려고 노력했습니다. 계절을 크게 거스르는 정도가 아니라면 선택한 옷을 입고 가도록 해주었고, 그러다 보니 11월에 여름 샌들을 신고 간 적도 있었습니다. 왜냐하면 필자가 아무리 아니라고 말해도 아이는 직접 경험하지 않은 것에 대해서는 절대로 수긍하지 않기 때문입니다. 아이가 직접 해본 것만 아이의 것이 된다고 유대인 엄마도 말하지 않던가요?

그러고 보면 필자는 불량 엄마 중에서도 좀 별났던 것 같습니다. 얇은 여름옷을 입고 가겠다고 서랍을 뒤져 꺼내 오면 왜 그 옷을 지금은 입으면 안 되는지 간단히 설명해주고, 그래도 수긍하지 않을 때는 주의사항을 일러준 뒤 어린이집을 다녀오도록 허용해주었습니다. 그 주의사항이란 게 특별한 것은 없습니다. 추운 겨울에 여름 치마를 입는다 하니 입는 것은 괜찮지만 그 옷을 입고 어린이집에 갈 경우 감기에 걸리고, 감기가 심할 경우에는 어린이집을 못 가게 될 수도 있고, 며칠 동안 친구들을 못 만날 수도 있다는 설명 정도였습니다. 그런데도 입고 가겠다면 어쩔 수 없이 입혀 보냈습니다.

다른 엄마들이 보면 아이를 그대로 내버려 두는 나쁜 엄마라고 할지 몰라도 필자에게는 사람들의 시선보다 아이의 경험이 더 중요했습니다. 일상에서 이런 부분들을 존중이라 표현해도 될지는 모르겠으나, 필자의 교육 주관은 아이가 경험해볼 수 있는 것은 모두 스스로 해보고 깨우치게 하는 것이었습니다. 위험한 일이나 남에게 피해를 주는 일 그리고 나쁜 습관으로 자리 잡는 경우만 아니라면 스스로 선택하거나 경험해보는 것은 문제 되지 않는다고 생각했습니다.

싱크대 문을 열어 냄비며 국자를 모조리 꺼내 놓고 소꿉놀이를 하는 것도 날카로운 칼이나 깨지는 유리만 아니라면 그렇게 하도록 허락했고, 그림책들을 모두 꺼내서 집을 짓고 놀아도 책을 찢거나 낙서를 하는 게 아니면 그냥 두었습니다. 그런 경험 속에서 체험하는 많은 시행착오가 우리 아이를 더 건강하게 성장시켜줄 것이라 믿었기 때문입니다. 일상에서의 사소한 실수는 조금 더 나은 도전을 부르고 그보다 한 단계 더 높은 성취를 불러일으킵니다. 또한 실패하면서 아이는 도전을 멈추지 않게 됩니다. 일상에서 작은 성취감을 느낄 수 있도록 아이에게 기회를 주세요.

다음은 엄마와 아이 모두 기분 좋게 아침을 열며 상호 작용할 수 있는 질문들을 정리해보았습니다.

▶ 아침에 스스로 세수하고 양치하기

(비누를 사용하지 않으면 어떠랴, 서툴러도 스스로 세수하고 양치했

다는 과정을 높이 평가해주세요.)

• 양치는 언제 하면 좋을까?

• 세수할 때 옷소매가 안 젖게 하려면 어떻게 해야 할까?

• 세수하고 나니 기분이 어때?

▶ 서랍에서 옷을 스스로 골라 입어보기

(어떤 바지에 어떤 상의가 좋을지 골라보는 재미도 있어서 아이가 좋아합니다. 아이는 스스로 선택한 옷을 입을 때 아침을 시작하는 기분이 두 배로 상쾌해짐을 느끼며 만족해합니다. 어울리지 않는 코디를 스스로 경험한 후에는 다른 옷으로 바꿔서 입을 줄도 알게 됩니다.)

• 오늘 아침은 바람이 쌀쌀한데, 어떤 옷을 입어야 할까?

• 체육 수업이 있는 날에는 어떤 옷을 입는 게 좋을까?

▶ 간단한 아침 준비 도와주기

(우유 배달통에서 우유 꺼내 오기, 냉장고에서 잼과 치즈를 꺼내 식탁에 올려놓기, 수저와 포크 세팅하기 등 아이가 가볍게 아침 준비에 참여하는 것이 바쁜 아침을 더 여유 있게 만들어줍니다. 또한 서로 가벼운 대화를 주고받으며 아침을 준비하는 과정을 통해 서로의 컨디션도 체크하면서 상쾌한 아침을 맞이하게 해줍니다.)

• 계란말이는 먹기 편하려면 어떤 접시에 담아야 좋을까?

• 오늘 아침 기분은 어때?

• 내일 아침에는 무슨 메뉴를 같이 준비해볼까?

▶ 등원, 등교 시 스스로 출발 시간 정하기

(엄마가 시계를 보고 카운팅 해주기보다 아이를 믿고 조금 지켜봐주면 아이 스스로 시간을 체크하고 거기에 맞게 생각하고 행동으로 옮길 수 있게 됩니다.)

• 어린이집 버스를 타려면 긴 바늘이 어느 숫자로 갈 때 신발을 신어야 할까?
• 우리가 늦게 나가면 어린이집 차는 어떻게 될까?
• 교실에 늦게 들어가면 어떤 기분일까?
• 왜 선생님은 지각하지 말라고 하실까?

▶ 아침에 먹고 싶은 메뉴 선택해보기

(모닝빵에 곁들이고 싶은 음식을 선택하게 하거나 어떤 메뉴 준비가 가능한지 의논해보는 것도 좋습니다.)

• 오늘 아침에는 어떤 것을 먹으면 좋겠니?
• 아침을 먹으면 어떤 점이 좋을까?
• 아침을 먹지 않고 그냥 등교하면 어떻게 될까?
• 아침에 먹으면 좋은 음식은 어떤 것들이 있을까?

더 이상 엄마 혼자서 조급해하거나 매일같이 엄마만 바쁜 아침을 맞이할 필요가 없습니다. 아이에게 스스로 참여하는 기회를 열어줄수록 아이도 엄마도 행복해집니다. 물론 단시간에 그런 마법 같은 아침을 선물 받을 수는 없습니다. 엄마와 아이가 함께 행복을 만들어가는 데는 많은 시간과 인내가 필요합니다. 아이가 스스로 선택하고 해결하는 힘을 기르도록 지켜봐주고 기다려줘야 합니다. 다시 한번 말하지만 엄마가 언제까지 아이의 아침을 도와주고 대신해줄 수 없습니다. 아이에게서 한 발짝 떨어져서 시간을 가지고 지켜볼 필요가 있습니다.

하브루타는 절대 거창한 것이 아닙니다. 꼭 책이 있어야만 나눌 수 있는 것도 아닙니다. 가벼운 대화를 주고받는 아침 식탁에서도 우리는 충분히 일상 하브루타를 나눌 수 있습니다. 가족의 하루 컨디션을 살피고 하루 일정을 묻고 사소한 질문으로 오고 가는 대화 속에서도 충분히 공감과 경청의 하브루타를 실천할 수 있습니다. 관심과 사랑만 있다면 질문은 언제든 솟아나는 법이니까요.

매일 아침 우리 집 식탁에서 일상 하브루타 대화를 나누어 보는 것은 어떨까요? 바쁜 아침에 질문하고 대화하는 하브루타가 웬 말이냐고 한다면, 그것은 진짜 하브루타를 모르고 하는 말입니다. 바쁜 아침을 더 따뜻하고 온화하게 만들어주는 질문은 일하는 엄마라도, 바쁜 엄마라도 할 수 있습니다. 일하는 엄마도, 바쁜 엄마도 모두 다 아이와 가족들을 향한 관심과 사랑만큼은 넘치니 말입니다.

정신없이 바쁜 아침, 지시와 명령어로 등교 준비 시간을 단축할 수도 있겠지만, 아이에게 하나하나 질문하고 대화하는 여러분은 일부러 어렵게 멀리 돌아가고 있는 것이 아닙니다. 기다림의 시간이 훨씬 멀리 돌아가는 것처럼 느껴지겠지만 결국은 자기 주도적인 아이로 만드는 가장 빠른 길이 될 것이기 때문입니다. 매일 아침 질문으로 존중받으며 하루를 시작한 아이는 자존감이라는 최고의 아침 선물을 받을 것입니다.

식탁 하브루타의 비밀을 아시나요?

하버드대학교 연구진이 3세 자녀를 둔 가족 85가구를 대상으로 2년여에 걸쳐 아이들의 언어 습득에 관한 연구를 하였다. 그 결과는 예상 밖이었다. 다른 어떤 조건보다 가족 식사를 많이 하는 아이들의 어휘 습득력이 월등했던 것이다. 아이가 습득하는 2000여 개의 단어 중 책 읽기를 통해 얻는 단어는 140여 개인 반면, 가족 식사 중에 배우는 단어는 무려 1000여 개에 달했다.

더욱 놀라운 사실은 이렇게 가족 식사에서 습득한 어휘력이 학교에 들어갔을 때 학업 성적과 직결된다는 사실이다. 연구진에 따르면 저소득층이거나 학습적 환경이 풍부하지 않더라도 가족 식탁에서 보낸 시간이 많은 아이들은 중산층 혹은 학습 자극이 풍부한 아이들의 언어 능력을 훨씬 뛰어넘었다고 했다.

아이는 식사 시간에 가장 많은 어휘를 배운다. 아이가 식탁에서 배우는 어휘의 양은 책을 읽을 때의 10배에 달한다고 했다. 가족 식사를 자주 하고, 식탁에서 활발한 의견이 오가는 가정의 아이는 책을 읽어주는 부모의 아이보다 훨씬 많은 어휘에 노출되고 있었던 것이다. 즐겁게 식사하며 질문하고 대화를 했을 뿐이지만 아이의 어휘력은 향상되었고 그것은 곧 바로 학업 성적과도 직결되었던 것이다.

-《밥상머리의 작은 기적》(SBS 스페셜제작팀, 리더스북, 2020) 중에서

하버드대학교 연구 결과에서 말해주듯이 가족 식탁의 효과는 바로 질문과 대화가 오가는 하브루타와 다름이 없습니다. 식사하며 즐거운 대화를 나누는 것이 바로 식탁 하브루타가 아니고 무엇이 될 수 있을까요? 종교를 배제하고라도 하브루타를 일상에서 실천했던 유대인들에게 가족 식탁의 의미는 대단합니다. '유대인이 있어 안식일이 있는 게 아니라 안식일이 유대인을 살렸다'고도 하지 않던가요? 그런 그들만의 식탁에 특별한 원칙이 또 있었습니다. 바로 어떤 일이 있어도 식사 시간에는 절대 아이를 혼내지 않는다는 것입니다. 물을 쏟

거나 컵을 깨뜨리는 일 또는 평소에는 꾸지람을 들을 일들도 식사 시간이 끝난 뒤로 미룬다고 합니다. 가족이 함께하는 즐거운 식사 시간만큼은 꾸지람이나 비난이 절대 없어야 하기 때문입니다. 그만큼 유대인 부모들은 식사 시간에 가족과 나누는 대화를 소중하게 생각했습니다.

이렇듯 아이와 함께 밥을 먹으며 대화를 나누는 것만으로도 엄청난 효과가 있음에도 불구하고 집집마다 식탁 하브루타를 실천하기가 어렵다고들 말합니다. 왜 그럴까요? 바로 경청과 공감이 없는 식탁 하브루타를 하고 있기 때문입니다. 생각보다 가정에서의 대화에서 경청을 찾기가 어렵습니다. 각자 자기가 하고 싶은 말만 하고 듣고 싶은 말만 듣는 경우가 많습니다. 즐거워야 할 식탁에서 아이의 잘못이나 실수를 들춰내고 훈육을 하려드는 부모의 잘못된 인식도 여기에 한몫합니다. 왜 즐거워야 할 식사 시간에 자녀 훈육을 하는 것일까요? 자녀 교육이 꼭 가르치는 것만이 다가 아닌데 말입니다. 훈육은 꼭 엄해야 한다는 것도 잘못된 인식 중에 하나일 뿐입니다. 많은 부모가 간과하고 있는 사실 중 하나는 자연스러운 대화만으로도 아이들은 배울 점과 고칠 점을 스스로 판단하며 충분히 느낀다는 것입니다.

공감 능력을 예로 들어볼까요? 오랜만에 카페에서 친구를 만났습니다. 친구가 내 말에 계속 맞장구를 쳐주고 눈을 맞추고 충분히 공감해주고 있다는 느낌을 받았다면 그날의 만남은 '오늘 정말 즐거웠어'가 될 것입니다. 하지만 실컷 수다를 떨고 집으로 돌아왔는데도 뭔가 상대방에게 공감을 얻지 못했다는 느낌을 받았다면 그날의 만남은 언짢은 기분만 안겨주고 다시는 그 친구와 만나고 싶지 않을 수도 있습니다.

'인간은 힘들어서 죽는 게 아니라 위로를 받지 못해서 죽는다'고 하지 않던가요. 사회적 동물인 인간이 소속감을 갖기를 원하고 누군가에게 위로받기를 원하는 이유는 바로 이 때문일 것입니다. 그러기에 어느 집단이나 모임에서든 서로 즐거운 대화가 오가는 데에는 경청과 공감이 반드시 함께 이루어져야 합니다. 가족 간의 대화에서도 마찬가지입니다. 우리 집은 가족들과의 대화 속에 경청이 잘 이루어지고 있는지 혹은 남편의 이야기에, 아이의 이야기에 공감을 해주고 표현해주는지 곰곰이 생각해보아야 합니다.

식탁만큼 대화를 나누기에 편안한 곳은 없습니다. 안 좋은 일이 있었더라도 서로의 얼굴을 마주하여야 하고, 듣기 싫어도 경청하지 않을 수 없는 곳이 바로 마주보는 테이블입니다. 토론 수업으로 유명한 옥스퍼드대학교의 '하크니스 테이블 Harkness Table'이나 세인트존스대학교의 커다란 '직사각 테이블'이 강의실 한가운데를 차지하는 이유도 바로 그것입니다. 거기다 일상에서 나누기 어려운 이야기라 할지라도 음식을 함께 먹으면서 대화를 나누었을 때 아이가 갖는 경계심이 줄어든다는 심리적 요인도 뒷받침해줍니다. 가족이 모여 식사한다는 것은 단순히 밥을 같이 먹는 행위가 전부는 아닙니다. 아이와 부모가 함께 식사 시간에 나누는 대화는 아이에게 음식을 같이 먹는 그 이상의 엄청난 영향을 미칩니다.

우리 집 식탁 문화는 어떠한지 한번 생각해볼까요? 일상에서 아이와 대화를 하고 싶은데 당장 무엇부터 물어봐야 할지 막막한가요? 가족들 간의 오붓한 식사 시간을 빌려 평소 못했던 말들을 일방적으로 쏟아내는 부모도 많습니다. 아직도 옛날 우리 아버지 세대는 식사 시간에 대화를 금하거나 밥상 앞에서 훈육하는 일이 빈번하니 너무나 안타까울 뿐입니다.

여러분은 지금의 짝을 처음 만난 날의 무엇이 가장 기억에 남나요? 아마도 첫 미팅, 첫 데이트의 기억 속에는 레스토랑이나 분식집과 같은 식사 공간이 사리하고 있을 것입니다. 사람들은 첫 만남에도 식사를 함께하고, 다음 데이트 신청에도 저녁 약속을 잡습니다. 친한 사이일수록 맛있는 음식을 함께 먹으며 이야기 나누기를 원합니다. 상대와 함께한 식사 시간이 기억에 남는 이유는 그 음식점이 특별하거나 분위기가 좋아서가 아니라 식사 시간을 함께 하며 주고받았던 대화 때문 아닐까요?

부모라면 언제나 꿈꾸는 자기 주도적이고 인성이 바른 아이는 우리도 모르는 사이에 우리 집 식탁 하브루타에서 만들어집니다. 상대방과 적대감 없이 함께 식사를 나누는 순간이야말로 자연스럽게 하고 싶은 말이나 생각을 나눌 수 있는 최고의 순간이 되기 때문입니다. 그러니 이런 경계심이 없는 식사 시간을, 그것도 하루에 세 번씩이나 오는 기회를 그냥 바쁘다는 핑계로 의미 없이 단지 음식 섭취의 시간으로만 끝내버리는 것은 너무나 안타까운 일입니다. 가족의 단조로운 일상을 오가는 대화가 의미 있는 시간으로 만들어줍니다. 나의 관심을 상대방에게 질문으로 표현하면 그 질문은 나에게 관심으로 돌아옵니다. 엄마의 질문 하나가 유아기 아이와의 애착까지도 더 돈독하게 만들어줄 것입니다.

아이가 같은 실수를 반복하지 않게 하려면?

아이의 초등학교 입학식은 엄마들을 꽤나 긴장되고 설레게 합니다. 어린이집, 유치원을 졸업하고 어엿한 학생으로 첫발을 내딛는 곳. 초등학교 1학년이라는 타이틀만으로도 아이가 한껏 성숙해진 것만 같고 다 큰 것처럼 느껴집니다.

하지만 생각과 달리 아이들의 초등학교 1학년 생활은 좌충우돌의 연속입니다. 실내화 가방을 놀이터에 놓고 오거나 비가 그친 하굣길에 그냥 두고 온 우산은 몇 개째인지, 심지어 아침에 입고 간 점퍼를 어디다 벗어두었는지 까맣게 잊고서 씩씩하게 집으로 돌아오는 일들을 한 번씩 겪어보지 않은 엄마는 없을 것입니다.

왜 그럴까요? 왜 아이들은 초등학교에 가서도 엄마의 손이 필요한 것일까요? 같은 실수를 계속 반복하지 않는 자기 주도성은 어떻게 길러야 할까요?

아이는 학교에 들어가기 전에 한 번도 스스로 교과서를 챙기고 신발주머니를 신발장에 넣거나 점심 급식을 준비하는 일들을 해본 적이 없었을 것입니다. 이 정도로 간단히 끝나지 않습니다. 1학년이 어리둥절할 일은 더 있습니다. 화장실을 찾아 복도 끝까지 걸어서 혼자 다녀오는 일도 새로운 도전이고, 교실 청소도 경험해보지 못한 일입니다. 1학년이 된 아이는 친구들과 선생님, 교실, 복도, 화장실 모든 것이 낯설게 보입니다. 그런 아이들에게 엄마들은 요구합니다. 스스로 자기 물건을 챙기고, 우산을 챙겨 오고, 벗은 실내화를 신발주머니에 반드시 넣어서 집으로 가져오기를 말입니다.

말이 나온 김에 실례를 들자면, 필자의 핸드폰에 '똑똑이 공주 예쁜 딸'이라고 직접 저장을 해놓은 그 똑똑이 딸아이가 1학년 때 실내화가 없는 신발주머니를 들고서 집으로 돌아온 적이 있었습니다. 신발을 갈아 신고는 실내화를 그 자리에 그대로 두고 오기가 어디 쉬운 일인가요? 그 실내화를 딸의 친구 엄마가 발견하고 "혹시 학교 계단에 실내화를 두고 갔니?"라며 찾아주기도 쉬운 일이 아닌 것을. 천방지축 딸 덕분에 이런 경험들을 해본 엄마도 흔치 않을 테니, 그날의 사건은 우리

모녀에게 절로 웃음이 나는 하나의 해프닝으로 기억에 남아 있습니다.

이와 같이 일상에서 아이가 자기 주도성을 갖고 자기 일을 스스로 해나가기란 쉬운 일이 아닙니다. 왜 아이들은 자기 일을 스스로 하기가 힘든 것일까요? 그것은 바로 누구도 질문을 해주지 않아서일 것입니다. 질문이 없는 엄마는 그저 지시하는 것이 편하고 그런 엄마의 지시에 아이는 또 익숙해집니다. 지시에 익숙한 아이들은 생각하는 것이 습관화되지 않아 뭐든지 엄마에게 물어봅니다. 엄마가 된다고 하면 되는 것이고, 엄마가 안 된다고 하는 것은 안 되는 줄 압니다.

아이는 왜 해도 되는지, 왜 하면 안 되는지 궁금해하지 않습니다. 거실에서 뛰면 안 되는 이유를 '층간 소음으로 이웃에게 피해를 줄 수 있어요'가 아니라 '엄마가 뛰지 말라고 했어요'라고 말하는 것과 같은 이치인 것입니다. 지시와 명령에 익숙한 아이들은 어떤 문제를 해결하기 위해 스스로 생각하기보다 엄마에게 먼저 물어보는 것이 훨씬 빠르고 편하다고 느끼게 됩니다.

자기 주도성이 결핍된 아이는 성인이 되어서도 의존적일 수밖에 없습니다. 우리가 우스갯소리로 흔히 말하는 '결정 장애'도 결정권을 가져보지 못한 성인들에게서 많이 볼 수 있는 모습입니다. 자기 주도성은 문제에 직면했을 때 결정과 판단을 많이 해본 아이들만이 갖추게 되는 것입니다. 결국 스스로 판단하고 결정하게 하는 힘은 질문을 받아본 경험에서 자란다고 해도 과언이 아닐 것입니다. 자전거를 잘 타기 위해서는 많이 넘어져봐야 하는 것처럼 말입니다.

필자의 아들과 딸도 처음 초등학교 생활을 할 때 수많은 실수와 문제에 맞닥뜨려야 했습니다. 불량 엄마로서 그런 순간에 아이들 곁에 함께해준 적이 별로 없었습니다. 그래서 아이들은 엄마 없는 환경에서 수없이 실수를 경험했을지도 모릅니다.

'엄마도 못 챙기는데 너희가 실수하는 것은 당연하지.'

지금 생각해보면 일상에서 하브루타를 하면서 그렇게 열린 마음으로 수용해준 것이 오히려 아이들을 성장시킨 좋은 밑거름이 되었던 것 같습니다. 남의 물건을 가져오고 거짓말을 하는 행동의 것들에 대한 허용이 아닙니다. 잘하고 싶은 마음에 시작했으나 결론이 좋지 않았을 때, 결과보다도 그 과정을 더 격려해주었습니다. 나쁜 결과보다도 시도가 좋았던 과정을 더 높이 봐주고 공감해주었습니다. 불량 엄마인데도 어쩌다 보니 우리 집 아이들이 자기 주도성 있는 아이로 잘 자랐다는 것이 아닙니다. '질문이 있는 하브루타'로 누구든지 자기 주도적인 아이로 키울 수 있다는 것입니다.

필자의 아이들은 둘 다 지극히 평범합니다. 불량 엄마로서 그저 열린 마음으로 바라봐준 것뿐인데 지금은 자기 주도적인 아이들로 잘 자라주었습니다. 내 아이가 특별한 아이라서가 아닙니다. 하브루타 하는 엄마의 열린 마음이면 어떤 아이도 그렇게 바꿀 수 있습니다. 필자가 늘 강조하지만 하브루타는 어떤 거창한 방법론이 아닙니다. 평범한 아이도 자기 주도성 있는 아이로 키울 수 있는 비결! 지시와 명령에 길들여진 우리 아이들을 하브루타 대화로 바꾸는 시작점은, 이 세상 모든 양육자의 열린 마음에서 시작된 질문입니다.

엄마가 먼저 열린 마음이 준비되었다면 어떤 문제에 대해 '너의 생각은 어떤지, 어떻게 해결하면 좋을지, 같은 실수를 반복하지 않기 위해서 가장 좋은 방법은 무엇이 있는지' 질문해보세요. 아이가 바로 대답하지 않는다고 해도 괜찮습니다. 대답이 돌아오지 않는다고 좌절할 필요는 없습니다. 엄마가 열린 마음으로 기다려준다면 그동안 아이의 머릿속은 내내 그 질문을 생각하며 해결할 방법을 찾을 것이기 때문입니다. 열린 마음은 곧 아이의 가능성을 열어 두는 것과 같습니다.

어느 날 저녁 식사 중에 갑자기 아들이 말했습니다.

"엄마, 여자 친구와 헤어지려면 뭐라고 말을 해야 할까요?"

"왜 여자 친구랑 헤어지려고?"

"아니, 사실 여자 친구가 있는데 다른 여자 친구가 더 좋아졌거든요. 그래서 그만 사귀자고 얘기를 해야 하는데, 뭐라고 말을 해야 할지 몰라서요."

"음, 그렇구나. 어떻게 말하면 서로 상처받지 않게 해결할 수 있을까? 네 생각은 어때?"

그렇게 되물어보니 아들이 말했습니다.

"'나는 너에게 좀 부족한 남자 친구인 것 같아. 미안해. 나보다 더 좋은 남자 친구를 만나길 바라.' 이렇게 말하면 어때요, 엄마?"

말해놓고도 쑥스러운 듯 아들이 웃었습니다. 우리는 민망함에 서로 마주 보고 웃었습니다. 그날 식사가 끝나고도 우리는 식탁에서 곰곰이 생각하며 함께 대안을 만드는 데 머리를 맞댔습니다. 여자 친구가 상처받지 않도록 어떻게 말을 하면 좋을지, 여러 친구와 모두 원만한 관계로 잘 지낼 수 있는 방법에 대해 말입니다.

친구 관계, 학교생활, 학업에 관련된 모든 일상에서 문제는 발생합니다. 대수롭지 않게 생각했는데 아들이 나름 고민하는 모습이 진지해 보였습니다. 그리고 필자에게 질문해주니 고마웠습니다. 이래서 사춘기 아들과 '베프'되는 비법이 하브루타라고 했던가요. 아들은 이런 일들을 겪어가며 더 돈독한 친구 관계를 만들어갈 것입니다. 실수도 하고 원치 않게 상처도 주고받으며 성숙해질 것입니다. 더 나아가서 어려운 학교생활이나 공부에 임하는 태도도 달라질 것입니다. 어떤 일을 헤쳐가려는 도전 의식도 생길 것이고, 문제를 해결했을 때의 성취욕도 맛볼 것입니다. 자기 일을 스스로 해결해 나가려는 동기부여가 되었다면 그다음 자기 주도 학습은 저절로 이루어집니다. 열린 마음으로 준비된 불량 엄마는 그래서 오늘도 질문을 합니다. 그렇게 질문을 받아온 아이의 성장이 너무나 기대되고 설렙니다.

새로운 환경에 도전하고 적응하는 데에는 그것을 경험하고 지나오는 과정이 반드시 필요합니다. 적어도 아이에게 그런 연습을 할 기회는 주어야 하지 않을까요? 실수는 그런 연습을 함으로써 깨닫게 되니까요. 다시 한번 강조하지만 실수를 경험하고 시행착오를 겪은 아이일수록 더욱 빨리 자기 주도성이 길러집니다.

우리 집 아이는 왜 자기 일을 스스로 해결하지 못할까 의문이 든다면, 열린 마음으로 아이에게 질문을 했었는지 한번 돌아보는 시간을 가져보세요. 지나오는 동안 실수들로 인해 아이에게 온전히 연습할 기회가 부족하지는 않았는지도 생각해봤으면 합니다. 실수는 결코 실패가 아니니까요. 오늘 엄마가 먼저 열린 마음으로 하브루타를 시도해보는 것은 어떨까요? 아! 필자의 똑똑이 딸아이는 그 후로 실내화를 벗어 두고 온 적이 한 번도 없었습니다.

엄마의 믿음으로 자란 아이는 자신감부터 다릅니다

일하는 엄마는 아무래도 전업주부보다 아이들을 꼼꼼히 챙기는 게 어렵습니다. 아이들의 준비물이나 부모님 사인을 받아오라는 안내문은 바쁜 엄마가 가장 챙기지 못하는 것들 중 하나일 것입니다. 필자도 어린이집에 아이들을 보낼 때만 해도 준비물을 가장 늦게 내거나 아예 챙겨 보내지 못하는 불량 엄마로 유명했습니다. 그래도 그때는 그나마 나았습니다. 어린이집 선생님이 필자의 부족한 부분을 채워줬으니까요. 그쯤 되면 불량 엄마도 철이 좀 들어야 하는데, 아이가 초등학교에 입학했는데도 여전히 '빠뜨리기 대장'이 되어 있었습니다. 일 때문에 늘 바쁜 필자는 그래서 맨날 미안하다고 말합니다.

아무리 바빠서였더라도 아이에게 소홀했거나 부모로서 책임을 다하지 못한 부분에 대해서는 솔직히 아이에게 미안한 마음을 표현하려고 노력했습니다.

큰아이가 초등학교 입학을 앞두고 있을 때였습니다. 아무리 도움이 못 되는 바쁜 엄마라지만 슬슬 걱정되기 시작했습니다. 필자는 하루 종일 회사 일로 바쁜데 아이가 학교에서 필요할 때마다 어떻게 데리러 갈 것이며, 방과 후 교실 오후 특강 수업을 받으러 아이가 혼자서 잘 찾아갈 수 있을지, 태권도 학원에는 혼자 걸어갈 수 있을지 모든 게 불안하고 걱정되기 시작했습니다. 일하는 엄마가 할 수 있는 일이라고는 입학하는 아이에게 제일 먼저 핸드폰 시계를 사서 채워주는 것뿐이었습니다. 언제든 전화를 할 수 있게 핸드폰을 쥐여주어도 직접 옆에서 볼 수 없으니 더 애가 탔는지도 모르겠습니다.

하지만 그것은 공연한 걱정이었다는 것을 나중에야 깨달았습니다. 큰아이는 3월 첫날부터 너무나 알아서 척척 잘해주었기 때문입니다. 정말 불량하게 들릴지 모르겠으나 필자는 아이에게 매번 확인 전화를 한 적이 없습니다. 엄마의 잔소리 없이, 엄마의 확인 전화 없이도 큰아이는 자기가 해야 할 일과를 착착 알아서 잘해내고 있었던 것입니다. 한두 번은 놀이터에 책가방을 던져놓고 친구들과 놀기 바빠 깜빡 시간이 지난 줄도 몰랐던 적도 있었지만, 아들은 바로 놀던 것을 정리하고 원래 자리로 돌아갈 줄 알았습니다. 필자는 아이가 늦게라도 스스로 자기 일과를 수행하도록 다그치지 않았습니다. 마음은 끓어오르는 불안과 답답함으로 요동을 쳤지만 시간을 주고 기다려줬습니다.

그러던 어느 날, 모르는 번호로 전화가 왔습니다. 큰아이 목소리였습니다. 핸드폰이 있는데 왜 그 전화로 걸었는지 순간 무슨 일인가 하며 가슴이 철렁 내려앉았습니다. 큰아이가 말했습니다.

"엄마, 갑자기 핸드폰 시계가 되지를 않아서요. 전화가 안 되면 혹시 엄마가 걱정할까 봐 분식집 아주머니께 핸드폰을 한 번 빌려도 되냐고 물어보고 그 전화로 하는 거예요."

"아, 그랬구나."

"엄마, 나 이제 태권도장에 가려고요. 걱정하지 마세요!"

전화를 끊으면서 순간 깜짝 놀랐습니다. 그런 생각을 해내다니. 그러고 보니 아들에게 핸드폰이 안 될 때 비상시 대처법을 알려준 적이 없다는 것을 알았습니다. 생각도 못했습니다. 그런데 아들이 스스로 엄마에게 연락할 방법을 찾았다니. 문제가 생겼을 때 이렇게 잘 대처하다니. 여덟 살짜리 아들이 꼭 고등학생처럼 마냥 듬직해 보였습니다. 일상에서 아들에게 "너는 잘할 수 있어. 엄마는 우리 아들이 잘할 것이라 믿는다" 라는 말을 자주 해왔습니다. 아들에게는 응원의 말로 표현하며 머릿속으로 한 번 더 '믿어주자' 생각했습니다. 걱정이 되지만 그래도 믿어보자며 스스로를 세뇌시켰습니다. 하지만 더 이상 그럴 필요가 없었습니다.

그날 이후 아들에 대한 믿음은 두 배 더 커지고 세 배 더 단단해졌습니다. 아무런 걱정이 안 되었습니다. 그냥 아들을 믿게 되었습니다. 불안해하던 내 자신이, 걱정이 괜한 것이었다는 것을 깨달았습니다. 혼자서 미리 일어나지도 않은 일에 대해 불안해하고 걱정했던 것이지요.

일상에서 아이가 스스로 해결해야 하는 문제는 끊임없이 일어납니다. 그렇다면 자기 주도적으로 문제를 해결하는 아이로 자라려면 엄마는 어떤 역할을 해줘야 할까요? 매 순간 아이 곁에서 일일이 케어해주는 비서 엄마도 아니고, 아이가 실수를 반복하지 않도록 옆에서 끊임없이 알려주는 잔소리쟁이 엄마도 아닙니다. 그것은 믿음입니다. 일상에서 보여주는 아이에 대한 믿음입니다.

필자는 일일이 확인하고 전화하지 않아도 아들이 잘할 것이라 믿었습니다. 혹여나 학원에 늦게 가거나 노느라 학원을 빠져도 어쩌겠냐며 '그럴 수 있지' 하고 혼자 아등바등하지 않으려고 내려놓았습니다. 그런 마음이 아이 스스로 문제를 해결해보도록 용기에 불을 붙여주었습니다.

아이에 대한 믿음이 있는 엄마는 온전히 아이 스스로 문제를 해결하도록 기회를 주고 기다려줍니다. '아이를 믿어야 한다'는 것은 모든 엄마가 다 아는 사실입니다. 그러나 마음으로는 믿지만 머리로는 믿어주지 못하는 엄마들이 더 많습니다. 그래서 아이 숙제를 도와주고, 등굣길에 빠뜨리고 간 준비물을 들고 교실까지 뛰어가고, 내일 있을 쪽지 시험을 위해 밤 12시까지 아이를 재우지 않고 받아쓰기 연습을 시킵니다.

사람은 누구나 실수하면서 성장합니다. 실수를 다음에 또 반복하지 않도록 기억장치에 저장시킵니다. 그러면서 해결책을 생각하고 또 다른 방법을 찾고 비로소 문제를 해결하는 지점까지 옵니다. 그러므로 실수 없이는 어떠한 성장도 없습니다. 부모가 아이에게 믿음만 주었다고 해서 100점이 되는 것은 아닙니다. 아이와 믿음으로 신뢰가 형성된 그다음에는 반드시 스스로 해결해보는 기회도 함께 부여해줘야 합니다.

문제 해결 능력을 키우기 위해 더불어 필요한 것은 엄마가 아이를 믿고 해결할 수 있는 기회를 주는 마음입니다. 아이에 대한 믿음이 없는 엄마는 아이에게 주어진 기회를 박탈하고, 엄마의 믿음을 잃은 아이는 실수를 경험해볼 기회조차 가질 수 없게 되기 때문입니다. 믿음이 없는 엄마에게서 기회를 얻지 못한 아이는 그 경험치를 잃었기 때문에 다음에 다시 같은 상황을 맞닥뜨려도 해결할 능력이 없습니다. 세상에 실수 없이 처음부터 완벽한 사람이 있을까요? 에디슨도 전구를 발명하기까지 2399번의 실패가 있었고, 세계적인 패스트푸드 체인점 KFC의 창립자 커넬 샌더스는 1009번째 식당에서 첫 계약에 성공했습니다.

지금 눈앞에 내 아이의 실패가 두려워 아이가 성장할 수 있는 기회를 박탈하고 있는 것은 아닌가요? 오늘부터 믿음으로 바라보고 기회를 주는 엄마가 되어주세요. 엄마의 믿음으로 자란 아이는 자신감부터 남다릅니다. 지금 이 순간, 이 글을 읽고 있는 당신이 주 양육자라면 주저 없이 회복 탄력성이 높은 아이, 마음이 건강한 아이로 성장하도록 엄마의 믿음을 선택해보기를 바랍니다.

아이는 부모의 뒷모습을 보고 배웁니다

딸아이가 낮에 학교에서 전화를 해왔습니다. 오전부터 계속 머리가 아프고 열도 조금 있다고 했습니다. 그날도 증세가 아주 심한 것은 아니지만 예방 차원에서 다른 일들을 제쳐두고 딸아이를 데리고 병원에 다녀왔습니다. 늘 바쁘기도 했지만 괜찮을 것 같아 약을 먹이고 기다려보았다가 더 심해져서 한밤중에 가슴 철렁했던 적이 한두 번이 아니었기 때문입니다. 게다가 오늘은 남편도 출장 중이라 불안한 마음에 병원부터 빨리 다녀올 수밖에 없었습니다.

딸아이의 병원 진료를 마치고 집에 들어오자마자 저녁 준비를 서둘렀고, 딸아이는 바로 약을 먹고는 금세 잠이 들었습니다. 저녁이 돼서 그런지 이마에 열이 따끈따끈 올랐습니다.

'약을 먹였으니 괜찮겠지. 한두 시간 자고 일어나면 열이 떨어지겠지.'

불안한 마음을 스스로 달래며 제발 괜찮아지기를 바랐습니다. 그런데 저녁 8시가 넘었는데도 나아지질 않았습니다. 여전히 이마가 뜨거웠습니다. 낮에 약을 먹이고 저녁 약까지 일찍이 먹였는데도 열이 그대로였습니다. 겁이 났습니다. 오늘따라 아이들 아빠도 출장을 나가 있던 터라 어디 도움을 청할 데도, 기댈 데도 없었습니다. 밤 9시가 되었는데 열은 더 펄펄 끓어오르고 해열제도 소용이 없었습니다. 이대로 그냥 두었다간 새벽에 큰일이 나겠다 싶었습니다.

결국 부랴부랴 아이들 옷을 입혀서 야간 진료를 보는 내과의원으로 다시 데리고 갔습니다. 더 늦기 전에 수액이라도 맞히면 낫지 않을까 하는 희망으로 찾아갔는데, 의사는 큰 병원 응급실로 가보라며 소견서를 써주었습니다. 남편도 없이 아픈 딸아이와, 늦은 밤 집에 혼자 두고 나올 수가 없어 함께 데리고 나온 아들까지 차에 태우고 다시 근처 대학병원 응급실로 향했습니다. 그날따라 밤바람은 왜 그리도 차던지. 12월 한겨울 밤 영하의 기온은 어느 때보다도 훨씬 더 매섭게 느껴졌고, 병원을 향해 달리고 있는 내 마음처럼 길가의 건물도 밤하늘도 온통 새까맣기만 했습니다.

시간은 밤 10시가 넘었고, 응급실에 접수하고 대기실로 돌아와 보니 남매는 대기실 의자에 서로 뒤엉켜 잠들어 있었습니다. 곧 딸아이 이름을 부르며 의사가 와서 열을 체크한 뒤 바로 독감 검사와 엑스레이 촬영을 했습니다. 검사를 하고 결과를 기다리는 동안에도 딸아이의 온몸은 여전히 펄펄 끓었고, 그런 동생이 걱정되었던지 아들이 잠을 자지 않고 옆에서 계속 말을 걸어주고 있었습니다.

어느새 시간은 밤 12시를 훌쩍 넘어 있었습니다. 그제야 열이 펄펄 끓는 딸에게 수액을 맞히고 응급실 침대 한편에 눕힐 수 있었습니다. 보호자 의자도 없고 침대 옆은 따로 누울 곳도 없었습니다. 졸음이 쏟아졌을 텐데, 아들은 힘든 내색 없이 졸음을 참으며 필자에게 말을 걸어주고 동생의 수액이 잘 떨어지고 있는지 수시로 쳐다보며 체크도 했습니다.

시간이 갈수록 딸아이가 두통을 호소하자 아들은 직접 간호사를 찾아가 동생을 봐달라며 데려오기까지 했습니다. 아이들을 데리고 병원에 들어설 때 불안과 걱정으로 무서웠던 마음이 어느새 조금씩 진정되고 있었습니다. 일단 병원에서 딸아이가 수액을 맞고 있으니 열이 좀 떨어질 것이라는 기대감에 조금 안심도 되었고 긴장도 풀어졌습니다. 하지만 결정적으로 불안한 마음이 괜찮아질 수 있었던 것은 아들 덕분이었습니다.

'너도 아직 어린애잖아.'

아들을 바라보는 내 마음이 그렇게 말했습니다. 얼마나 큰 오빠라고. 겨우 동생보다 한 살 더 많으면서, 늠름함과 대견스러움은 열 살 더 많은 오빠 같았습니다. 열이 펄펄 끓는 동생이 덥다 하니 옆에서 연신 부채질을 해주고, 두통을 호소할 때마다 머리를 만져주었습니다. 엄마는 힘드니까 쉬라고 말하며 오빠인 몫을 다하려고 혼자서 동생의 팔다리를 주물러주고 부채질을 하며 아빠의 자리를 대신해주었습니다.

그렇게 한 시간쯤 지나자 아들의 간호 덕분인지 딸아이가 겨우 잠이 들었습니다. 어디서 구했는지 아들도 침대 옆에 의자를 갖다 놓고서 엎드린 채 잠이 들었습니다. 남편은 출장 중이고 혼자서 우왕좌왕 외롭고 슬펐는데, 동생 침대를 지키는 늠름한 아들을 보니 '너란 아들, 네 엄마가 누구시니? 어떻게 너를 이렇게 키우셨니?' 하는 생각이 절로 들었습니다.

새벽까지 고열에 시달린 딸과 잠 못 자고 옆에서 간호하던 아들은 다음 날 사이좋게 학교에 결석을 하고 오전 11시가 다 돼서야 우리 집 침대에서 눈을 떴습니다.

"어젯밤에 잠도 못 자고 많이 힘들었지, 아들?"

"저보다 엄마가 더 고생하셨잖아요."

"동생 돌보려다가 너도 병나겠다."

"저는 괜찮아요. 엄마, 그래도 동생이 괜찮아져서 정말 다행이에요."

가족이란 이런 것일까요? 그날 밤 남편의 부재가 무색했을 만큼 아들은 큰 힘이 되어주었습니다. 하루에도 열두 번씩 동생을 울리고 놀리며 장난치던 장난꾸러기 오빠가 아니었습니다. 평소 같으면 한 시간이 멀다 하고 티격태격 싸우기 바쁜 남매인데, 이날 아들이 보여준 모습은 필자를 무척이나 당황스럽게 했습니다. 너무 대견해서 눈물이 날 정도였습니다.

가족에게 힘든 일은 언제든 찾아오게 마련입니다. 그럴 때마다 함께 문제 해결을 해나가는 데서 가족 간의 사랑이 더 깊어지는 것은 아닐까요. 아빠가 할머니를 모시고 병원을 가는 모습에서, 엄마가 가족들을 위해 열심히 집안 청소를 하고 맛있는 저녁을 준비하는 데서, 대가족이 모인 저녁 식사 후 주방에서 함께 설거지하는 부부의 뒷모습에서 말입니다. 그것을 아이들이 바라볼 때 비로소 배움이 일어나는 것입니다. 부모가 어떻게 대처하는지, 최선의 방법은 무엇이었는지, 그때 마음이 어땠는지, 그래서 무슨 다짐을 하게 되었는지 가르치지 않고 스스로 알게 하는 것입니다. 그것은 단지 경험에서 느끼기보다 아이와 꾸준히 질문하고 대화하는 하브루타를 함께 했을 때 그 빛을 발합니다. 일상에서 실천한 아이와의 하브루타가 위기 상황을 함께 극복해나갈 수 있도록 우리 가족에게 마법을 보여주었던 것입니다.

그날의 위기 이후로 초등학생 아들이 새롭게 보였습니다. 오빠니까 무조건 양보하라고 가르치지도 않았는데 아들은 무슨 마음으로 동생을 위해서 참고 희생했을까요? 그날 밤 힘들고 고생했는데도 엄마를 더 걱정해준 아들에게 고마웠습니다. 상대방의 힘듦을 알고 내 아픔같이 느끼고 공감하는 마음, 바로 역지사지하는 마음입니다. 하브루타 대화가 장난꾸러기 아들을 공감 능력이 뛰어난 아이로 자라도록 만들어주었습니다. 가족의 아픔을 내 아픔같이 느끼고 공감하는 마음이 따뜻한 아이로 말입니다.

성실표 엄마같이 아이를 하나하나 가르치려고 들면 끝이 없습니다. 어디 가서 예의 없다는 소리를 듣지 않도록 훈육하고 가르치고 싶은 마음은 모든 부모가 마찬가지입니다. 하지만 부모 욕심에 아이를 가르치기만 한다면 그 욕심은 한도 끝도 없지 않을까요?

하브루타가 아이를 바뀌게 하지만 바로 아이의 열을 떨어뜨리는 해열제는 아닙니다. 해열제는 아이의 열을 즉각적으로 떨어뜨리는 임시 처방과 같습니다. 그런 이유로 하브루타를 해열제로 착각하지 말아야 합니다. 하브루타를 한다고 해서 아이의 태도가 바로 바뀌거나 아이의 문제 행동이 어느 날 갑자기 수정되지는 않습니다. 하브루타는 아이의 문제 행동을 한순간에 바꿔놓는 마법이 아니기 때문입니다. 부모와 일상에서 질문과 대화로 하브루타를 꾸준히 실천한 아이에게서만 그 마법은 이루어질 수 있습니다. 시간이 지날수록 아이의 달라진 모습에 감탄이 절로 나올 것입니다.

그날 이후로 왠지 아이가 많은 가정이 부럽게 느껴졌습니다. 동생이 더 생기면 좋을지는 아들과 또 하브루타를 해보아야 하겠지만 말입니다.

"아들, 네 생각은 어때?"

Chapter 4

지금 우리 아이에게 하브루타가 답이다

하브루타 부모 실천 편

HAVRUTA

아이와 온전히 함께하는 시간, 언제가 좋을까요?

가족 하브루타 1

"목적지에 도착하였습니다. 안내를 종료합니다." 내비게이션 안내 멘트와 함께 아이들이 함성을 질렀습니다. 이번 여름, 우리 가족의 야외 취침 장소인 캠핑장에 도착한 것입니다. 차를 세우기 무섭게 아이들은 트렁크에서 가방을 열고 수영복부터 꺼내어 차 안에서 갈아입은 뒤 바로 수영장으로 뛰어들었고, 아이들을 풀장에 들어가게 한 뒤에야 우리 부부는 한숨을 돌리며 여유 있게 텐트를 펼치고 오늘 우리 가족의 하룻밤을 책임질 둥지를 만들기 시작했습니다.

연년생 아들과 딸을 키우면서 우리 부부는 참 많이 힘들었습니다. 한 아이가 걷기 시작하면 한 아이는 좀 누워 있으면 좋으련만, 두 아이의 성장 과정이 우리 부부에게는 쉼표 없는 도돌이표의 연속 같았습니다. 한 TV 프로그램에서 은퇴 후 집에서 육아를 도와주었던 박지성 선수가 축구 경기와 육아 중 어느 것이 더 힘들었냐는 질문에 망설임 없이 '육아'라고 대답하던 장면이 떠오릅니다. 박 선수는 이렇게 덧붙였습니다.

"축구 경기는 종료 휘슬이 있지만, 육아는 종료 휘슬이 없으니까요!"

쌍둥이만큼 힘든 연년생이라고 하지 않던가요. 음식점을 가도, 키즈 카페를 가도, 놀이터를 가도 혼자서는 이 두 아이를 절대 감당할 수 없었습니다. 지금 생각해보면 그래도 그 육아 기간 동안 미우나 고우나 곁에서 함께해준 남편이 참 고맙습니다. 첫아이 두 돌, 둘째가 5개월 때쯤 회사 동료들과 회식을 마친 후 밤늦게 귀가한 남편이 그 새벽에도 먹다 남은 두 아이의 젖병을 다 세척하고 소독한 다음 잠자리에 들었을 정도였으니까요. 다음 날 아침 뽀송하게 살균되어 있는 젖병들을 보고 감동 받곤 했습니다. 아이를 키워본 엄마라면 잘 알 것입니다. 하루에도 몇 번씩 젖병 삶는 일이 얼마나 힘든 일인지를. 더군다나 일하는 불량 엄마에게 집안일은 해도 해도 끝이 보이지 않는 과정들이었습니다.

지나고 보면 추억인데 왜 그때는 그게 그렇게 힘들고 괴로웠을까요. 아이 돌보기가 힘들었던 우리 부부는 아이들이 둘

다 걷고 뛰기 시작하자 '안 돼'라는 말을 입에 달고 살았을 정도로 두 아이를 통제하는 데 심각성을 느끼게 되었습니다. 그때 우리 부부의 머릿속에는 늘 질문이 가득했습니다. 아이들을 좀 더 자유롭게 놀게 할 방법이 없을까? '안 돼'라는 말을 하지 않아도 되는 환경을 어떻게 만들어줄 수 있을까? 우리 부부가 스트레스를 덜 받으면서 아이들이 맘껏 즐거울 수 있는 곳은 없을까?

생각 끝에 우리는 주말이면 아이들을 차에 태우고 공원으로 나가기 시작했습니다. 인천대공원 , 송도센트럴파크, 북서울꿈의숲공원, 생태공원, 여의도한강공원, 호수공원…. 아이들과의 소풍은 온 마을의 공원을 찾아다니며 그렇게 시작되었습니다. 처음에는 간단한 간식과 돗자리만 챙겨 다니던 것이 공원에서 머무르는 시간이 점점 길어지면서 그늘막 텐트를 장만하게 되고, 그러다 보니 바닥에 깔 수 있는 푹신한 매트도 구입하게 되고, 도시락을 먹을 테이블 등이 구비되면서 점점 소풍 장비들이 살림살이로 늘어나기 시작했습니다. 그래도 집 안에서 아이들을 못 뛰게 하는 것보다는 그게 훨씬 좋았습니다.

어느 햇빛 좋은 초여름날, 남편이 1박 2일 캠핑을 제안해왔습니다. 집에서 아이들을 구속하기보다는 맘껏 뛰어다닐 수 있는 넓은 잔디와 시원한 냇가가 있으면 좋겠다 싶어 흔쾌히

동참했던 것이, 오늘날까지 우리 집만의 캠핑 연중행사로 자리 잡게 되었습니다.

아이들이 커가는 동안 매해 여름에 전국을 누비며 물이 좋은 곳, 경치가 아름다운 곳, 유적지가 있는 곳 등을 찾아다녔습니다. 풀이 있고 메뚜기가 뛰어다니고 냇가에 올챙이만 보여도 아들은 그것들을 관찰하느라 쭈그리고 앉아 꼼짝 않고 시간 가는 줄 모르고 몰입했습니다. 그런 노력들이 아이들에게 기억에 남을 큰 추억이 된 것 같아 무척 뿌듯합니다.

아들은 벌써 내년 여름 캠핑 장소를 아빠에게 물어보며 계획을 세웁니다.

"아빠, 우리 지난번에 갔던 곳이요. 계곡인데 물이 엄청 맑고 물살이 셌던 곳이요. 거기서 물놀이하다가 제가 큰 바위에 허리를 쓸려서 엄청 울었잖아요. 거기가 어디였죠?"

다쳤던 기억이 생생했던 모양입니다. 그래도 말하는 아들의 표정에는 그날의 즐거움이 가득했습니다.

"물살이 센 곳에서 물놀이하다가 조금 다치기는 했지만, 그래도 바위 위에서 미끄럼도 타고 아주 재미있는 곳이었어요. 거기서 먹은 막국수도 진짜 맛있었고요. 우리 거기 또 가는 것은 어때요, 아빠?"

"맞아, 엄마도 강원도 다니면서 먹어본 곳 중에 거기서 먹었던 막국수가 제일 맛있었어."

우리 가족은 저녁 식사를 마치고 나서도 한참 동안이나 캠핑에 대한 이야기꽃을 피웠습니다.

가끔씩 사람들이 캠핑을 왜 가냐며 묻곤 합니다. 힘들게 살림살이를 싸 들고 또 힘들게 텐트를 치고 음식을 해 먹고 화장실과 샤워실 사용도 불편할 텐데, 왜 굳이 고생스럽게 캠핑을 가냐고 묻습니다. 그것은 캠핑의 진정한 맛을 모르고 하는 말들일 것입니다.

사실 필자도 호기심으로 캠핑을 시작할 때는 반신반의했습니다. 아이들이 어린데 괜찮을지도 고민이 되었고 오히려 생각보다 더 불편하면 어쩌나, 다치지는 않을까 걱정도 되었습니다. 그러다 텐트를 고르고 테이블과 의자, 조리 도구를 사고 캠핑의 꽃인 모닥불을 피울 수 있는 화로도 장만하면서 조금씩 즐거움을 느꼈고 걱정과 불안보다는 새로운 환경에서 만끽할 즐거움에 더 설레고 신나기만 했습니다.

다섯 살 고사리손으로 돕겠다며 텐트를 치는 아빠 옆에서 나뭇가지만 들고서 왔다 갔다 하던 아들은 어느새 제법 힘 좀 쓸 줄 아는 아빠의 든든한 캠핑 파트너가 되었습니다. 함께 캠핑 장소를 검색해보고, 여행 코스를 짜고, 이동 중에 맛있는 휴게소를 알아보고, 점심은 어떤 메뉴가 좋을지를 아이들과 같이 의논하고 머리를 맞대고 이야기를 나누는 과정이 즐겁기만 합니다. 짐을 싸는 것도, 차에 짐을 싣는 것도 역할을 분담하고 각자의 역할대로 착착 진행되다 보니 짐을 싸서 훌쩍 어디론가 떠나는 것이 우리 가족에게는 맘만 먹으면 언제든 가능한 일이 되었습니다.

때로는 한밤중에 국지성 폭우를 만나 텐트가 다 무너지고 물에 빠진 생쥐 꼴로 짐을 싸서 집으로 돌아온 적도 여러 번 있었습니다. 하지만 그럴 때마다 아이들은 불평하기는커녕 오히려 비를 맞으며 텐트를 접고 있는 아빠를 걱정하며 자기들이 먼저 나서서 엄마 아빠를 도와주었습니다. 그렇게 장마철 한밤중 소낙비 해프닝을 겪고 나면 남편은 다시는 캠핑을 가지 않겠다고 선언했지만 다시 따뜻한 햇살이 유혹하는 6월이 다가오면 언제 그랬냐는 듯 1박 2일 야외 취침할 곳을 아이들과 검색하며 행복한 상상을 합니다. 올해는 우리 아이들에게 어느 곳의 아름다운 자연을 경험시켜줄까 하면서.

필자도 결혼을 꿈꾸면서 신혼의 달콤함만을 상상했지 아이들을 출산하고 육아하는 것까지는 처음부터 구체적으로 생각해본 적은 없습니다. 준비 없이 어쩌다 부모가 되어 있는 지금, 아이들에게 세상의 맛을 느끼게 해주고 경험시켜줄 부모라는 역할이 정말 중요하다는 것을 깨달았습니다. 그러나 우리는 미리 치밀하게 계획하거나 연습해볼 기회조차 없습니다. 그래서 육아를 하면서 아이만 키우는 게 아니라 부모도 함께 성장해가는지도 모릅니다.

부모 교육을 진행하는 중에 모둠끼리 육아에 대해 질문하고 대화하며 하브루타를 하다 보면 '나도 모르게 어쩌다 보니 엄마가 되어 있고, 어쩌다 보니 두 아이의 아빠가 되어 있더라'고 말하는 부모들을 만나게 됩니다. 삶이 계획대로 쉽게 되지 않는 법이니, 한 가정의 부모가 되어 아이들을 돌보는 역할을 우리는 어쩌다 맞이하게 되었을 수도 있습니다. 하지만 가정을 이루고 살아가면서 꼭 한번쯤은 질문해봐야 합니다.

'내가 지금 잘하고 있는 것일까? 나는 우리 아이에게 좋은 부모일까? 나의 방법이 우리 아이에게 올바른 육아법일까?'

여러분이 스스로 이런 질문을 한번쯤 던져봤다면 분명 좋은 부모임이 틀림없습니다. 그런 질문들로 인해서 다시 한번 육아를 돌아보고 생각해보는 기회가 만들어지기 때문입니다. 우리는 육아를 하면서 많은 시행착오를 겪습니다. 그것은 좋은 경험으로 다가올 수도 있지만 힘든 경험으로 기억되기도 합니다. 우리 부부 또한 아이들을 키우면서 어려운 상황에 부딪힌 적이 한두 번이 아니었습니다.

'이 위기를 극복하기 위한 좋은 방법은 어떤 게 있을까? 더 좋은 방법은 없을까? 우리만 이렇게 힘든 것일까? 다른 부모들은 어떻게 해결해가고 있을까?'

이런 질문들이 초보 부모가 시행착오를 줄이고 점점 더 나은 부모가 되도록 이끌어주고 아이들과의 관계 회복에도 많은 도움을 줍니다. 불량 엄마가 아이에게 충실할 수 있는 시간을 필자는 캠핑에서 답을 찾았습니다. 돈으로도 살 수 없는 좋은 추억도 만들어주었습니다. 이제는 초등학생 딸아이와 저녁 메뉴를 함께 만들고 아들과 계곡에서 물고기를 같이 잡으면서 우리는 서로에게 더 의지하고 믿음을 쌓아갑니다.

꼭 성실한 엄마가 아니더라도 모든 엄마는 잘하는 게 하나 둘쯤은 있습니다. 그게 꼭 아이의 숙제를 빠짐없이 봐주고 학교 준비물을 잘 챙겨주는 게 아니어도 그 부족함을 다른 풍성함으로 채워준다면 아이들은 분명 그런 엄마를 또 이해하고 사랑할 것입니다. 우리 부부는 부모가 원하는 방법을 찾기보다 아이들의 성향을 관찰하며 아이들의 입장에서 질문했습니다.

'무엇이 좋을까? 어디가 좋을까? 무엇을 할 때 아이들이 재미있고 자유로울 수 있을까?'

매일 하루 종일 놀아주지 못하는 불량 엄마는 한 번이라도 몰입해서 신나게 놀아주는 방법을 캠핑에서 찾았습니다. 캠핑은 우리 가족에게 평소보다 서로를 더 바라보게 해주고 온전히 함께하며 추억도 덤으로 만들어주었습니다. 아이들에게 '우리 엄마는 내 편이다'라는 확신을 주는 시간, 늘 애착에 갈급하는 일하는 엄마의 아이들에게 '우리 부모님이 나를 위해 이렇게 노력해주시는구나' 하고 안심할 수 있는 시간을 만들어보면 어떨까요?

결국 시간이 아니라 집중의 문제입니다. 필자의 경우 캠핑을 통해 아이들에게 온전히 집중하고 몰입할 수 있었고, 그것이 필자의 아이들에게도 갈급한 부분을 해소시켜주었으리라 생각합니다. 꼭 캠핑이 아니어도 됩니다. 집 앞 놀이터에서의 짧은 산책도 좋습니다. 아이들에게 온전히 몰입할 수 있는 방법을 주변에서 쉽게 찾아볼 수 있습니다. 여러분에게도 우리 집만의 행복한 육아를 위한 비법은 하나쯤 있을 테니까요. 그것이 무엇이든 그 시간만큼은 충분히 아이에게 집중해주세요. 그 몰입의 시간은 분명 아이와의 관계를 더 돈독하게 만들어줄 것이고, 이후 아이와의 대화를 물 흐르듯 이끌어줄 것입니다.

아이에게 몰입하는 시간. 그것이 하브루타를 시작하는 첫 단추임을 꼭 기억하기를 바랍니다.

피곤한 부모와 활기 넘치는 아이, 어떻게 해야 할까요?

가족 하브루타 2

아이를 키우면서 가장 힘든 것을 꼽으라면 필자는 아이가 놀고 있는 놀이터 벤치에 앉아서 마냥 기다려주는 것입니다. 아이가 문화센터에서 수업을 마치는 동안 복도 의자에 앉아 기다리는 것도 너무나 힘듭니다. 이유를 굳이 말하자면 성향과 맞지 않기 때문입니다. 기다림을 싫어하는 성격 탓입니다. 참 이상합니다. 그렇다고 아이를 진심으로 사랑하지 않는 것이 아닌데, 그런 기다림은 힘이 듭니다.

문화센터에 가면 기다림 훈련이라도 받은 듯한 엄마들이 꽤나 많습니다. 그들을 볼 때면 존경스럽기까지 합니다. 어떤 때는 그들을 앉혀 놓고 인터뷰라도 해보고 싶을 정도입니다.

아이를 위해서 아이의 스케줄에 맞추고 따라가준다는 것은 정말 여간해서는 아무나 할 수 없는 일이라 생각합니다.

여기서 한 가지 분명히 하고 싶은 부분이 있습니다. 바로 우리가 말하는 좋은 엄마, 나쁜 엄마의 기준입니다. 우리는 어떤 기준으로 좋은 엄마, 나쁜 엄마를 구분할 수 있을까요? 아이를 위해서 시간을 내어주고 기꺼이 문화센터 복도에서 아이를 기다려주는 엄마가 무조건 좋은 엄마는 아닙니다. 반대로 아이가 놀이터에서 노는 동안 곁에서 기다려주지 못한다고 해서 그 또한 이기적인 엄마라고 말할 수 없습니다.

불량 엄마를 둔 덕분에 우리 집 아이들은 늘 스스로 하고 싶은 것을 찾아서 할 수밖에 없는 상황을 대면했고, 그 상황을 스스로 잘 헤쳐 나갔습니다. 정말 남들이 볼 때는 어이없는 비결이 아닐 수 없습니다. 아이에게 신경을 써주지 않았더니 아이가 스스로 찾아서 하게 되었다니요. 결론은 엄마가 놀이터에 같이 나가주지 않으니 혼자서라도 나가서 놀 수밖에 없는 상황이 스스로 하도록 만들어준 것이겠지요. 심지어 그곳에서 혼자 친구를 만들고 놀이를 주도하기까지 합니다. 필자가 이렇게 별난 바쁜 엄마가 아니었다면, 굉장히 성실한 엄마였다면 아이를 지금처럼 키울 수 있었을까요?

딸아이가 필자와 성향이 비슷하다는 것을 알게 해준 재미있는 일이 있었습니다. 어느 토요일, 그날도 마찬가지로 불량 엄마는 강의로 바쁜 하루를 보내고 있었고, 엄마 없는 집에 덩그러니 남은 두 아이를 만성피로로 의욕 없는 아빠가 혼자서 돌보고 있었습니다. 그러다 딸아이가 학교에 가고 싶다고 아빠를 졸랐습니다. 그날은 딸아이가 다니는 초등학교에서 축제가 있던 날이었습니다. 다른 엄마들은 아이들을 데리고 가거나 할아버지와 할머니까지 모시고 돗자리를 펴놓고 축제를 즐기며 구경하고 참여하는 동안, 딸아이는 의욕 없는 지친 아빠를 겨우 설득해서 축제를 가게 되었습니다. 다행히 남편은 불량 엄마와는 달리 아이에게 맞춰주는 친절한 아빠 모드를 갖고 있었습니다.

가을운동회 대신으로 열린 큰 행사이다 보니 꽤나 시끌시끌하고 사람도 많고 정신도 없었습니다. 남편은 조용히 쉬고 싶었겠지만 딸아이의 의견을 존중해 흔쾌히 함께 가주었고, 딸아이가 같은 반 친구들을 만나서 운동장 곳곳을 누비며 체험 부스를 구경하고 솜사탕도 사 먹으며 즐거워하는 동안 한쪽 나무 그늘 아래서 딸아이가 친구들과 축제를 즐기는 모습을 바라보며 기다려주었습니다. 두 시간 후, 축제를 실컷 즐긴 딸아이를 데리고 남편은 집으로 돌아왔습니다.

필자가 강의를 마치고 집으로 들어서는 순간 딸아이가 필자를 보자마자 서럽게 울었습니다. 어찌된 일이냐고 남편을 바라보자 억울하다는 표정입니다. 남편도 최선을 다해 놀아주고 맞춰주었으니 억울할 만해 보였습니다. 딸은 울면서 '더 놀고 싶은데, 더 있고 싶었는데 아빠가 그만 가자고 해서 많이 못 놀았다', '친구들은 더 오래 놀고 있는데, 저만 먼저 집으로 왔다'고 아빠의 잘못을 이르듯이 퍼부었습니다. 이야기를 다 듣고 난 후 딸에게 말했습니다.

"엄마가 보기에는 아빠도 피곤하실 텐데 너를 위해 많이 애써주신 것 같아. 먹고 싶은 닭꼬치도 사 먹고 기분 좋게 놀았다면서 왜 울어?"

갑자기 피곤이 몰려오는 불량 엄마는 좀 짜증이 났습니다. 그랬더니 딸이 그럽니다.

"엄마, 나는 그렇게 음악 소리가 크게 나오고 사람이 많은 곳이 좋단 말이야."

울먹이면서 그런 분위기에 있으면 기분이 좋아진다는 아이의 말을 듣는 순간 조금 놀랐습니다. 왜냐하면 필자도 사람 많고 북적대고 음악 소리가 크게 울리는 곳을 좋아하기 때문입니다. 처음 알았습니다. 초등학교 2학년이 될 때까지 몰랐던 아이의 취향을 그날 처음 알았습니다. 그 기분을 알기에 이해가 되고 미안한 마음도 들었습니다.

"그랬구나. 규리는 그런 축제에 있는 게 기분이 좋고 즐거웠구나. 그런데 아빠가 집에 가자고 해서 아쉬웠구나. 알겠어! 다음에 그런 축제가 또 있을 때는 엄마랑 꼭 같이 가자. 그리고 그땐 실컷 놀다 오자!"

취향이 다르다는 것, 그것은 재미없고 심심한 일입니다. 취향이 비슷하거나 같으면 그것만큼 신나고 즐거운 일은 없습니다. 놀이터에 앉아서 아이가 노는 동안 기다려주는 것은 필자의 취향이 아니었습니다. 그것은 정말 심심하고 재미없는 일이기 때문입니다. 그래서 그곳에 앉아서 기다리는 일이 무엇보다도 힘들고 싫었나 봅니다. 그런데 딸아이와 축제에 같이 간다는 것은 생각만 해도 즐겁습니다. 취향이 같다는 것은 이렇게 신나고 즐거운 일입니다.

아이와 엄마는 취향이 같을 수도 다를 수도 있습니다. '누구를 닮아서 저럴까? 내가 어릴 때는 안 그랬는데, 저 아이는 누구를 닮아서 저렇게 행동할까? 내 아이지만 나도 못 참겠다'는 부모들이 참 많습니다. 그러면서 육아가 너무 힘들고 어렵다고도 합니다. 오죽하면 '독박 육아', '전쟁 육아'라고까지 할까요. 세상에서 가장 사랑스런 내 아이를 키우는 일이 독박 육아나 전쟁 육아에 비유된다는 것은 정말 안타까운 일입니다. 그렇게 표현한, 아니 표현할 수밖에 없었던 엄마들의 마음을 모르는 것도 아닙니다. 다만 아이를 대하는 엄마라면, 주 양육자라면 다시 한번 생각해볼 필요가 있습니다.

• 내 아이는 어떤 성향인가?

- 나는 어떤 성향의 부모인가?
- 나와 내 아이의 공통적인 취향은 무엇인가?
- 나와 내 아이가 서로 다른 점은 무엇인가?

이것을 알고 이해할 때 적어도 진짜 불량 엄마가 되어 있지는 않을 것입니다. '우리 아이는 운 좋게 엄마와 잘 맞아서 잘 크고 있는 것일까요?', '엄마와 닮지 않은 아이가 태어나서 엄마를 힘들게 하는 것일까요?' 이 질문에 답을 찾았다면 더 이상 나쁜 엄마라 자책하지 않아도 됩니다. 아이를 기다려줄 줄 모르는 엄마라서 미안해하지 않아도 됩니다.

오늘부터 내 아이와 함께 즐겁게 할 수 있는 일을 생각해보세요. 아이와 같이 대화하면서 서로의 공통점을 하나씩 찾아보세요. 필자와 딸아이는 이미 콘서트, 축제라는 공통점을 발견했습니다. 질문하고 대화를 나누지 않았다면 딸아이가 축제를 좋아하는 줄도 모르고 지나쳤을 것입니다. 딸아이가 중학생이 되면 필자는 더 좋은 엄마가 되어 있을지도 모릅니다. 적어도 딸아이와 콘서트는 함께 가는 엄마가 되어있을 테니까요. 남들은 아이에게 다가올 사춘기가 두렵고 걱정된다고 하지만 필자는 중학생 딸아이와 함께 나눌 그 시간이 너무나 기대됩니다.

"엄마보다 키도 더 크고 어엿한 중학생이 되면 엄마랑 스탠

딩 콘서트도 가고 같이 막 소리도 지르자, 딸!"

진짜 좋은 엄마는 아이와 놀 줄 아는 엄마입니다. 엄마의 취향이나 아이의 취향만을 위한 것이 아니라 서로가 같이 재밌게 즐길 수 있는 것을 찾아보세요. 그것이 문화센터에 함께 가는 것이라면, 밖에서 기다리는 것이 즐겁다면 그것은 분명 엄마나 아이에게 기분 좋은 일이 될 수 있습니다.

누구 한 사람에게만 맞추는 힘든 육아는 그만했으면 합니다. 문화센터 밖에서 기다림이 힘든 엄마도, 기다림이 즐거운 엄마도 모두 그들만의 취향이 있습니다. 내 아이에게도 나름의 취향이 있는 것처럼요. 엄마도 아이도 같이 성장하며 함께 즐거운 육아법은 반드시 존재합니다.

여러분도 엄마와 아이 모두 즐거운 나만의 육아법을 하브루타를 통해 아이에게 질문해보세요.

- 엄마랑 어떤 놀이를 할 때 제일 재미있었어?
- 엄마는 책을 읽을 때 네가 옆에서 같이 책을 읽는 게 참 좋더라.
- 지금 엄마랑 제일 하고 싶은 게 뭐야?
- 엄마는 지금 시원하게 자전거를 타고 싶은데, 너는 어때?
- 우리 다음 주말에는 어디로 가보면 좋을까?

피곤한 엄마 아빠와 활기가 넘치는 아이의 상충하는 기질을 어떻게 해결할 수 있을까요? 서로 다른 부분을 우리는 어떻게 바라봐야 할까요? 그 해답은 하브루타에 있습니다. 저녁 식사 시간에 가족 하브루타로 서로의 취향에 대해서 자연스럽게 이야기를 나눠보세요. 우리 가족에게도 서로 같은 점이 있고 다른 점도 있습니다. 하브루타 대화로 이야기를 주고받다 보면 서로의 다름을 알고 인정하는 문화도 자연스럽게 경험할 수 있습니다. 하브루타를 실천하는 많은 엄마가 한결같이 하는 말이 있습니다.

"아이가 그런 생각을 하는 줄 몰랐어요."

반신반의했던 하브루타를 가정에서 실천하는 엄마들이 필자에게 가장 많이 하는 말입니다. 그러면서 놀랐다고 말합니다. 질문을 하면서도 신기했고 답을 들으며 또 놀랐다고 합니다. 그렇습니다. 우리는 지금껏 제대로 아이에게 생각을 물어본 적이 없었으니까요. 시간이 없다는 이유로 바쁘다는 핑계로 가장 빠른 방법인 지시와 명령을 당연하다는 듯이 해왔으니까요. 하브루타를 실천하는 엄마들은 알고 있습니다. 지시와 명령을 하면 지금 당장은 빠르게 문제가 해결되는 것처럼 보일지 모르나 결국은 아이 스스로 아무것도 할 수 없게 만든다는 것을요.

비용이 많이 드는 복잡한 기질 검사가 아니어도 됩니다. 내 아이가 어떤 성향을 지녔는지, 어떤 취향인지는 간단한 질문만으로도 쉽게 알 수 있으니까요. 그러기 위해서는 아이를 항상 열린 마음으로 바라봐야 합니다. 질문에 답이 바로 나오지 않더라도 엄마는 늘 그 자리에서 언제든지 너의 생각을 들을 준비가 되어 있다는 것을 아이가 꼭 알게 해줘야 합니다. 따뜻하게 엄마 품으로 안아주고 온유하게 한 번 더 물어봐주세요. 질문 하나면 해결 못할 게 없습니다. 좋은 엄마와 나쁜 엄마의 차이는 서로 다른 취향의 문제만은 아닙니다. 따뜻하고 온유한 질문 하나로 우리는 충분히 좋은 엄마가 될 수 있습니다.

질문을 받은 경험이 질문을 하게 만듭니다

가족 하브루타 3

우리 부부는 동갑내기입니다. 아니, 정확하게 말해서 필자의 생일이 9일 더 빠릅니다. 주변 친구 모임이나 친척 모임에 나가면 이런 질문들을 자주 받았습니다.

"어떻게 만났어요? 서로 어떤 점이 마음에 들었어요? 누가 먼저 프러포즈했어요?"

이 중에서 두 번째 질문에 대해 굳이 답을 하자면, 동갑인데도 어른스러운 게 좋았습니다. 삼 남매 중 막내여서 그런지 누군가에게 가끔은 의지도 하고 보살핌을 받는 것이 좋았는데, 남편은 무심한 듯해도 섬세하게 챙겨주고 배려해주고 기다려주는 매너남이었습니다. '결혼 후에는 어떤 점이 마음에 들었나요?'라고 또 물어온다면 자신 있게 말하고 싶은 점이 있습니다. 남편은 '늘 필자의 생각을 물어봐주었다'는 것입니다.

어느 휴일, 갑자기 시댁 식구들이 야외로 다 같이 놀러가자거나 예정에 없는 외식을 권유했을 때 남편은 자기 마음대로 결정해서 대답하지 않고 꼭 "아내한테 어떨지 상의해보고 알려드릴게요"라고 말했습니다. 얼핏 보기에 아내한테 꼼짝 못하는 남편처럼 보인다고요? 애처가가 아니냐고요? 물론 가족들에게 누구보다도 따뜻하고 온유하고 때론 용감하기도 한 남편이자 아들이 맞습니다. 결혼 생활을 하며 남편에게 질문을 받아오는 동안 필자는 점점 존중받는 아내, 존중받는 며느리가 되었습니다.

결혼과 동시에 시댁 식구들과 함께해야만 하는 시간들은 어떤 며느리에게도 쉬운 일은 아닐 것입니다. 때로는 마음이 안 맞거나 불편할 때도 있고, 때로는 속으로 혼자 끙끙거릴 때도 있을 테니까요. 하지만 필자에게는 무조건 참아야 하는 상황이 그리 많지 않았습니다. 바로 필자의 생각을 물어봐준 남편 덕분이었습니다. 며느리로서 시댁의 제사나 여러 행사들에 있어서 무조건 선택할 수 있는 위치는 아니었지만 그런 필자에게 남편은 선택권을 주었습니다. '당신이 힘든 줄 알지만, 어때? 괜찮겠어?'라며 마음을 살피고 세심하게 물어봐주었습니다. 어떤 때는 바빠서, 어떤 때는 몸이 힘들고 피곤해서 쓰러져 있고 싶을 때도 있었지만 남편이 선한 눈망울로 깜빡거리며 물어봐주는 마음이 고마워서 기꺼이 함께했습니다.

시어머니도 며느리를 마음으로 존중해주고 따뜻하게 대해주셨습니다. 신혼 때 시댁과 아래위층으로 한 건물에 살았던 적이 있었습니다. 시댁 식구들이 거리낌 없이 집을 들락날락하며 불편했을 것이라 상상할 수도 있겠지만, 시어머니는 마음대로 들어오신 적이 한 번도 없었습니다. 친절한 아들이 현관 비밀번호를 알려드렸는데도 말이지요. 그래서 시댁 어른들께 늘 존중받는 느낌이었습니다. 그러다 보니 자연스럽게 가족들끼리 서로가 서로의 입장을 헤아렸습니다. 마음과 생각을 물어봐주는 것이 당연했고 그것은 유난을 떠는 것이 아니었습니다.

주변에 하브루타를 실천하는 강사들을 보면 자녀들의 사교육을 알아볼 때 반드시 이렇게 말합니다.

"그럼 우리 아이한테 먼저 물어보고 결정할게요."

하브루타란 질문하는 것입니다. 질문한다는 것은 상대방의 마음과 생각을 묻는 것이지요. 상대방의 생각을 듣는다는 것은 상대방을 존중한다는 의미입니다. 일상에서 부모가 아이를 소유물인 듯 여기는 경우를 종종 보게 됩니다. 아이의 생각을 묻지 않고 '엄마가 다 알아서 했으니까 너는 그냥 따라오면 된다'고 말합니다. 하지만 아이들에게도 생각이 있습니다.

설령 그 생각이 미숙하고 어려 보이고 부족해 보이더라도 그 자체로 아이의 생각을 인정하고 존중해줘야 합니다. 존중하는 마음이란, 그 생각의 옳고 그름을 판단하는 것이 아니라 있는 그대로 들어주는 것이기 때문입니다.

남편이 필자의 생각을 존중해준 덕분에 15년 결혼 생활 동안 큰 어려움 없이 시댁 식구들과 함께 잘 지낼 수 있었습니다. 남편이 존중해주니 시댁 어른들도 같이 존중해주셨습니다. 존중받은 경험은 아이에게도 똑같이 질문으로 돌아갔습니다. 질문을 받은 아이는 그것을 친구들에게 그대로 되돌려주었습니다.

"이 장난감 내가 가지고 놀아도 돼?"

"이제 이 책을 내가 읽어도 될까?"

가르침은 절대로 지시와 명령에서 오지 않습니다. 오직 경험으로 배우면서 일어납니다. 질문 받은 경험은 반드시 질문을 하게 만들어줍니다.

아들의 3000원

리더십 하브루타 1

어느 금요일, 그날도 불량 엄마는 바빴습니다. 늘 그렇듯이, 그날 밤도 늦은 시간에 귀가했습니다. 아들은 이미 잠들어 있었고 잠든 아들 얼굴만 살짝 보고 방문을 닫았습니다. 다음 날은 대구에서 교육이 있어 새벽 기차를 타기 위해 이른 시간 또 집을 나서야 했습니다. 엄마가 없는 주말에 아이들은 아빠 차지입니다. 아이들은 아빠와 종일 롤러스케이트를 실컷 타고 저녁까지 해결한 후 집에 돌아왔고, 늦은 시간이 되어서야 우리 가족은 완전체로 모여 남은 주말을 함께 보낼 수 있었습니다.

새로운 한 주가 시작된 월요일 오후 2시쯤, 아직 방과 후 수업이 남아 있을 시간인데 아들에게서 전화가 왔습니다.

"엄마, 나 유진이 이모를 학교 후문에서 만났는데, 나 회장 됐다고 3000원을 주셨어. 이 돈을 어떻게 하면 좋을까?"

"너 회장 됐어?"

"응, 엄마 몰랐어? 나는 아는 줄 알았지."

"네가 말을 해줬어야 알지."

"아, 내가 말 안 했나?"

아들이 멋쩍게 웃었습니다. 우리는 같이 웃었습니다.

초등학교 2학년 때부터 아들은 새 학년이 될 때마다 줄곧 회장을 놓친 적이 없습니다. 참고로 초등 저학년 회장 선거는 성적과 전혀 관계가 없습니다. "회장 하고 싶은 사람?" 하고 담임선생님이 물어볼 때 손을 들면 된다고 했습니다. 아니면 친구가 "○○○을 추천하고 싶습니다" 하고 말을 하면 됩니다. 그렇게 회장 선거에 이름이 올라가면 친구들의 투표에 의해 회장이 됩니다. 회장이 되는 것에 공부를 잘하느냐, 아니냐는 상관이 없습니다. 그냥 아들은 회장이 되니 기분이 좋았고, 덕분에 필자도 덩달아 어깨에 힘이 들어갔습니다. 하여튼 이렇게 회장을 뽑는 것인데, 아들이 4학년에도 또 회장이 된 것입니다.

우리 아들은 지극히 평범한 아이입니다. TV를 즐겨 보고, 취미는 스마트폰 게임이고, 주로 만날 수 있는 곳은 놀이터나 축구장입니다. 하브루타 하는 엄마 덕분에 아들은 4학년이 되어서도 자유로운 영혼입니다. 밤 9시, 10시까지 학원 투어로 바쁜 친구들과 달리 아들은 자유인입니다. 하교 후에는 책가방을 던져놓고 친구들과 어울려 노느라 항상 저녁이 되어서야 집으로 돌아옵니다. 학원에 다니지 않아 시간만큼은 누구보다도 넉넉합니다.

하지만 어디 친구들도 그리 시간이 넉넉할까요. 다들 학원에 가느라고 놀이터에는 통 아이들이 없습니다. 그런데도 희한하게 학원 가기 전 자투리 시간에 떠도는 친구들을 모아다가 학교 앞 떡볶이집에서 놀기도 하고, 한 친구가 수학 학원을 가면 다시 영어 학원이 끝난 다른 친구와 만나 놀이터에서 축구를 하기도 합니다. 어쩌다 학교 앞에서 아들을 만나 집으로 같이 가는 길이었는데, 만나는 친구마다 인사를 하며 지나갑니다. 붙임성인지, 오지랖인지 그것도 또래 친구들만 아는 척하는 것도 아니었습니다.

"어, 형 어디가?"

"응, 잘 가."

"누나 안녕?"

"어, 이따 태권도장에서 만나자."

함께 걸어가는 필자가 다 부끄러울 정도였습니다. 이렇게 사교성이 좋은 아들이라 회장이 된 것이 놀랍지 않았습니다.

그래도 한편으로는 정신없이 바빴던 며칠간 학교에서 무슨 일이 있었는지도 몰랐던 것이 미안했습니다.

“엄마가 요즘 너무 바빠서 아들이랑 이야기를 많이 못했네. 미안해.”

엄마는 아들이 회장이 되었는지도 모르는데 크게 신경 쓰지 않는 아들. 이런 아들에게 필자가 해줄 수 있는 것은 잠들기 전에 좋은 꿈 꾸고 잘 자라고 꽈악 안아주는 것, 아침 등교 전에 잘 다녀오고 재밌게 놀다 오라고 꼬옥 안아주는 것, 항상 노력하고 열심히 일하는 엄마의 모습을 보여주는 것, ‘너는 잘할 수 있어’라고 믿어주는 것, ‘지금도 잘하고 있어’라고 지지와 격려를 하는 것입니다. 그래서인지 자유로운 영혼인 아들은 늘 자신감이 넘칩니다. 그렇게 엄마에게 받은 사랑을 친구들에게 표현할 줄 아는 아이로 크고 있습니다. 상대방을 이해하고 배려하는 마음도 시간만큼이나 넉넉하기 때문입니다. 하브루타가 아들에게 심어준 것은 자신감만이 아니었습니다.

“네가 회장이 안 되어도 엄마는 기쁘고, 네가 TV를 많이 봐도 엄마는 너를 믿는다. 네가 게임을 좋아해도 엄마는 걱정 안 되고, 네가 책을 안 읽어도 엄마는 네가 좋다. 그냥 네가 내 아들이라서 좋다. 그나저나 그 3000원, 네 생각은 어때?”

그냥 내 아들이니까 사랑해주세요. 그냥 내 딸이니까 아껴

주고 지지해주세요. 아이의 존재 그 자체를 인정하고 안아주세요. 아이가 회장이어서 자랑스러운 것은 아니니까요. 아이가 시험을 100점 맞아서 예뻐 보이는 것은 아니니까요. 시험을 못 봐도, 발표를 잘 못해도, 사교성이 부족해도, 잘 울어도 내 아들이니까, 내 딸이니까 그냥 꼭 안아주고 사랑한다고 말해주어야 합니다. 부모 자식 간의 사랑은 목적이 있어서 주는 사랑이 아니니까요. 부모의 믿음을 먹고 자란 아이는 반드시 꿈이 있는 아이로 성장할 것입니다.

아들의 금메달

리더십 하브루타 2

어느 토요일 새벽 6시. 2018 부천시 종별태권도선수권대회에 나간다며 당시 초등학교 3학년이었던 아들이 벌떡 일어나 준비를 하고 있었습니다. 마우스피스와 장갑, 보호대도 챙겼습니다. 벌써 두 달 전부터 준비한 대회였는데 신청서에 학부모 사인을 할 때까지는 처음이라 뭔지 모르고 그냥 참가하고 싶어 조르는 정도로만 알았습니다.

아들이 시합에 출전하고 싶다며 신청서를 내밀 때에도 필자는 크게 기대하지 않았습니다. 아들이 시합에 참가한다는데 의의가 있을 뿐 결과에 연연하지는 않기 때문입니다. 그저 참가하는 아들이 즐거워하니 좋았습니다. 그냥 하루 동안 치고받으며 재미있는 경험을 하면 다행이라 생각했습니다.

대회 전날 저녁, 남편은 아들에게 겨루기에 대해 자세하게 설명해주었습니다. 평소에 승부욕이 강한 터라 시합에서 졌다고 한껏 좌절할 아들의 얼굴이 훤히 보이는 듯해 걱정과 염려가 되었나 봅니다. 남편은 시합에 나가면 이길 수도 있지만 질 수도 있다고, 이기면 좋겠지만 져도 실패한 것이 아니라고 이야기해줬습니다. 아들은 무슨 뜻인지 알고 있다며 걱정하지 말라고 했습니다. 안전 보호 장치를 하지만 겨루기 운동이다 보니 다칠 수 있다는 점도 알려주었습니다.

아들은 늦은 귀가로 얼굴을 볼 수 없었던 필자에게 전화로 새벽에 나가야 한다는 것을 재차 알려주었습니다. 늦게 일어나면 집합 시간에 늦는다며 필자에게 신신당부하고 잠이 들었습니다. 그런데 오늘 아침에 깨우기도 전에 스스로 벌떡 일어난 것입니다. 어른도 일어나기 힘든 이른 시간인데 도복을 챙겨 입으며 제법 비장해 보이기까지 했습니다. 하지만 필자는 강의 준비로 바빴기에 크게 신경 쓰지 않았습니다. 1등이 아니어도 된다고, 다치지만 말고 최선을 다하고 오라고 했습니다.

겁도 많고 마음도 약한 성격이라 제풀에 지칠 줄 알았는데 아들은 대회에 참가하는 것에 굉장한 자신감을 보였습니다. 다짐이나 시합에 임하는 자세는 좋지만 승부에서 패배의 맛을 보게 될까 안쓰러운 마음이 들었고 걱정이 앞섰습니다.

오후가 되어 아들의 시합에 함께 갔던 남편이 영상을 찍어 보내왔습니다. 화면에는 경기장 가운데 하얀 도복을 입은 어린이 둘이 서 있었습니다. 상대 선수는 아들과 비슷한 체급인 듯해 보였고 심판의 지시를 기다리고 있었습니다. 아들은 파란색 보호 장비를 쓰고 있었습니다. 경기 시작을 알리는 호루라기 소리가 나자마자 아들이 발차기로 상대 선수를 몰아치기 시작했습니다. 불과 몇 분도 안 되어 아들은 발차기를 날려 상대 선수의 얼굴을 정확히 맞추었습니다. 심판은 잠시 경기를 중단하고 상대 선수의 얼굴을 살폈습니다. 점수는 21:2로 크게 앞섰고 영상을 찍던 남편은 아들의 발차기에 흥분하여 더욱 소리치기 시작했습니다.

"그렇지, 봐주는 거 아니야!"

아마도 아들이 자신의 발차기에 상대 선수가 얼굴을 맞자 순간 놀라 주춤하는 것을 보고 남편이 그렇게 외친 듯했습니다. 아들의 예상치 못한 선방에 남편의 목소리는 점점 더 커졌습니다. 경기는 결국 아들이 승리했습니다. 아들은 두 손을 번쩍 들어 화이팅을 해 보이며 카메라를 보고 웃었습니다.

그 모습을 보는데 순간 왈칵 눈물이 쏟아졌습니다. 선수를 시키려고 혹은 어떤 목표를 가지고 태권도장에 보낸 게 아니었습니다. 단지 일이 너무 바빠 퇴근 시간에 맞추려고 보냈던 거였는데 필자가 일에 한눈팔고 있던 사이에 이렇게 열심히 태권도를 잘하고 건강하게 자라 있었습니다. 그런 아들을 보니 자꾸만 눈물이 쏟아졌습니다. 금메달이나 좋은 성적을 바란 적이 없었는데도, 이렇게 훌륭히 잘 자라주고 있어서 고마웠습니다. 그렇게 기대하고 참가한 대회인데, 아들은 메달을 따서 얼마나 기쁠까 싶어 눈물이 멈추지 않았습니다.

일하는 엄마는 미안합니다. 더 잘 챙겨주지 못해 미안하고 함께해주지 못하는 시간이 안타까워 또 미안합니다. 그래서 태권도장에 보낸 게 미안했나 봅니다. 그때는 그냥 '이게 좋아? 저게 배우고 싶어?'라고 물어보기보다 우선 어린이집에서 가까워서, 차량으로 집까지 귀가를 시켜주니까, 아이도 싫어하지 않으니까 보냈던 것 같습니다. 아들은 그 시간을 즐겁고 신나게 보냈으니 정말 다행인데, 엄마로서 그저 미안하기만 합니다.

필자는 아이들이 밝고 긍정적으로 성장하기를 바랐습니다. 뭐든지 즐겁게 하는 것이 중요하다고 생각했습니다. 아이들이 공부에 매여서 학원으로 뺑뺑이 돌다 집으로 돌아오는 재미없는 학창 시절을 보내는 게 싫었습니다. 아까운 시간을 학원에서 허비하게 하고 싶지 않았습니다.

우리 집 아이들은 초등학교 5학년, 4학년 때까지 사교육을 받지 않았습니다. 영어 학원이나 수학 학원을 보내지 않아도 학교 수업만으로도 부끄럽지 않은 정도의 성적으로 곧잘 따라와 주어 크게 공부를 강요하지 않았습니다. 학교에서 배우는 것만으로도 충분하다 생각했기 때문입니다. 게다가 집에서 일상적으로 하브루타를 해서인지 참관수업 때 보면 아이들이 얼마나 적극적인지 모릅니다. 한 번은 영어 참관수업에 갔는데, 선생님의 영어 질문에 아들이 맨 앞줄에서 계속 손을 들고 발표를 하자 옆에서 함께 지켜보던 다른 어머니가 귓속말로 물어왔습니다.

"태윤이 다니는 영어 학원이 어디예요?"

지금 생각하면 집에서 얼마나 놀기만 했기에 학교 공부가 그렇게 새롭고 재미있었을까 싶어 웃음이 나옵니다. 우리 아이가 잘나서가 결코 아닙니다. 영어에 타고난 재능이 있는 것도 더더욱 아닙니다. 다른 아이들보다 조금 더 뛰어난 게 있다면 자신감 하나였습니다. 늘 질문과 대화로 일상에서 하브루타를 해오다 보니 당당하게 질문하고 표현하는 것이 자연스러운 것입니다. 하브루타 토론은 정답이 없으니 부담 없이 손을 들어 표현합니다. 그래서 발표가 재미있었나 봅니다. 그런 모습이 다른 엄마 눈에는 영어에 자신 있어 보인 듯했습니다.

하지만 이런 필자도 가끔씩 흔들릴 때가 있습니다. 우리 아이만 학원을 안 보내도 괜찮은 것일까 하고 불안한 것은 다른 엄마들과 마찬가지입니다. 고학년이 되면 학교 공부가 더 어려워진다는데, 아이들의 공부를 너무 안일하게 생각하는 것은 아닌가 싶기도 했습니다. 주변에서 왜 수학 학원을 보내지 않느냐며 또래 엄마들이 이상하게 볼 때마다 내심 불안하고 더 걱정되었습니다.

그럼에도 하브루타를 꾸준히 실천하면서 확신했습니다. 하브루타로 질문하고 대화하며 자신의 생각을 표현하고 말하다 보면 스스로 학습에 대한 동기부여가 생길 테니까요. 스스로 동기부여가 된 아이들은 엄마의 강요가 없어도 알아서 필요한 공부를 찾아서 하고 원하는 목표를 정하게 될 것입니다. 아들이 금메달에 도전했던 마음도 그런 마음이 아니었을까요? 불량 엄마는 오늘도 아이들을 영어 학원과 수학 학원에 보내는 대신 식탁 하브루타로 아이들과 토론하며 이야기꽃을 피웁니다.

적어도 우리 아이는 성적에 맞춘 적성이 아니라 하고 싶은 일을 찾아서 평생 그 일을 즐기며 살아가면 좋겠다는 생각에는 변함이 없습니다. 받아쓰기가 100점이 아니면 어떤가요. 영어 단어를 좀 모르면 어떤가요. 지금 당장 아이에게 필요한 것은 영어 단어 하나 더 외우고 밤새워 하는 받아쓰기 연습이 아닙니다. 주변 친구들을 살필 줄 알고 약자의 편에 설 줄 알고 정의로운 일을 판단하고 꿈을 위한 목표가 있는 것! 그러기 위해 주변을 관찰하고 긍정적으로 보는 힘을 갖기를 바랍니다. 바른 인성으로 옳고 그름을 판단하는 아이가 되기를 기대합니다.

아들은 태권도 시합에서 금메달을 받았지만 필자는 그런 아들의 도전 정신에 금메달을 주고 싶었습니다. 앞으로 살아가는 동안 실수도 하고 많은 실패도 경험하겠지만 그런 경험들이 모두 아이의 인생에 금메달로 돌아오기를 간절히 바랍니다.

친구의 돈

훈육 하브루타

큰아이를 초등 1학년에 입학시키고 한결 여유가 생긴 탓인지 다음 해 둘째의 입학식 때는 첫째와는 달리 마음이 편안했습니다. 첫째와 같은 학교라서 안심이 되어서 그랬을까요? 하긴 필자의 아침 차량 코스가 두 배로 바빴던 이유는 바로 학교 앞에서 큰아이를 내려주고 어린이집에서 또 작은아이를 내려줘야 했기 때문입니다. 그렇게 1년 간의 정신없는 아침 차량 운행을 졸업한 필자는 그것만으로도 날아갈 것 같았습니다. 그래봤자 1학년 동생과 2학년 오빠인데, 큰아이가 동생을 챙기고 보살펴줄 것만 같은 기대감에 든든하기도 했습니다.

딸들은 보통 동생과 잘 놀아주고 잘 챙기지 않던가요? 주변에서 첫째가 딸이면 수월하다고 했습니다. 그런데 우리 집은 첫째가 아들이어서 마음속으로 '망했다'를 외쳤습니다. 바로 둘째가 딸인 것을 알았을 때 주변 엄마들이 괜찮다고 했습니다. 에너자이저 아들을 키우다 보면 얌전한 딸은 거저 키우는 것과 같다고 말입니다. 아들처럼 힘쓰지 않고 있는 듯 없는 듯 키우기 쉽다고 했습니다.

그런데 또 '망했다'를 외쳤습니다. 딸이 오빠를 똑같이 따라하는 것이었습니다. 힘이 넘치는 에너자이저 아들과 '나는 오빠처럼 될 거야'라고 말하는 천방지축 딸을 키우면서 연년생 엄마도 천하무적이 되어갔습니다. 이제 더 겁날 것이 없었습니다. 엄마들의 초인적인 힘이 어디에서 나오는지 알 것 같았습니다.

불안했던 필자의 마음과 달리 아들은 처음 1학년 생활을 너무나 잘 해주었습니다. 큰 일탈도 없었고 학교 수업 시간에도 잘 집중하고 친구들과의 관계도 원만했습니다. 그런 오빠가 있으니 둘째 딸아이는 더 걱정되지 않았습니다. 학교생활에 적응도 훨씬 잘할 것이라고 믿었습니다.

그런데 딸아이가 입학한 지 한 달이 채 되기도 전에 사건이 터졌습니다. 오후 2시가 넘어 전화가 걸려왔습니다. 돌봄 교실 선생님이었습니다.

딸아이가 수업이 끝나고 시간이 한참 지났는데도 돌봄 교실로 내려오지를 않았다고 합니다. 선생님은 아이가 없어진 줄 알고 온 학교를 찾아다녔고, 그러다 딸아이를 발견했는데 같은 반 친구와 웃으며 후문 쪽에서 걸어오고 있었다고 했습니다.

"어디 갔다가 오니?"

"선생님, 문구점이요! 거기서 뽑기도 하고 과자도 샀어요."

두 아이는 해맑게 과자를 들어 보이며 선생님에게 말했습니다.

그러나 선생님은 그 상황에서 웃지 못했습니다. 문제는 다른 데 있었기 때문입니다. '돈이 어디에서 났니?'라는 질문에 딸아이와 친구는 '아영이가 돈을 주었다'고 말했고, 아영이는 '친구들이 돈을 달라고 해서 주었다'고 말한 것입니다. 일이 커졌습니다. 교실에서 친구들 간에 지우개를 가지고 가도 서로 마음이 상하고 문제가 되는데, 이번 것은 물건이 아니라 돈이었던 것입니다.

졸지에 딸아이는 친구의 돈을 가져다가 뽑기를 하고 간식을 사 먹은 꼴이 되어버렸습니다. 그것도 선생님 허락 없이 아직 하교 시간도 아닌데 교문 바깥으로 나가서 말이지요. 선생님은 그냥 넘어가서는 안 되는 일이라며 엄마에게 말씀드리겠다고 딸아이가 보는 앞에서 전화를 해왔던 것이었습니다.

선생님의 이야기를 듣는 동안 아무 생각도 나지 않았습니다. 당장 달려가서 딸아이를 만나고 싶었습니다. 무엇보다도 지금 딸아이가 굉장히 무서울 것 같았습니다. 그 상황은 두려움 그 자체였을 테니까요.

"엄마한테 말하지 말라고 하는데, 어머님이 아셔야 할 것 같아서 지금 전화 드리는 거예요."

선생님이 단호하게 말했습니다. 사태의 심각성도 심각성이지만 딸이 걱정되었습니다.

"선생님, 규리는 지금 뭐하고 있나요?"

"지금 앞에 서 있어요. 방과 후 교실로 올라가라고 말하는데도 안 가고 울고 있네요."

"선생님, 잘 알겠습니다. 규리에게 괜찮으니까 울지 말고 올라가서 수업하고 오라고 얘기 좀 해주시겠어요? 돈을 빼앗겼다는 상대 친구의 어머님 연락처를 혹시 알 수 있을까요?"

그렇게 일단 전화는 끊었습니다. 그 이후로 내내 딸아이 생각에 아무것도 할 수가 없었습니다. '입학한 지 한 달도 안 됐는데, 이런 경험 때문에 학교 가기 싫다고 하면 어떡하지?' 일정이 끝나지 않아 일찍 귀가할 수는 없었지만 일단 어렵게 양해를 구하고 밤 9시가 되어서야 부랴부랴 문자를 넣었습니다.

"아영이 어머니, 규리 엄마예요. 오늘 아이들 일로 걱정이 많으셨지요? 아영이는 괜찮은가요? 규리가 아영이의 돈을 가지고 간 것은 제가 대신 먼저 사과를 드립니다. 아직 저도 집에 가기 전이라 딸아이와 자세한 이야기를 나눠보지는 못했어요. 그렇지만 어머니가 생각하시는 만큼 나쁜 뜻으로 돈을 달라고 한 것은 아닐 거예요. 규리가 돈에 관한 개념이 아직 없어서 지우개나 연필을 빌리듯이 아마 돈도 그렇게 하나만 달라고 했던 것 같습니다. 아영이와도 오해 없이 다시 만나서 사과하도록 할게요. 직접 뵙고 말씀드리지 못하고 문자로 대신해 죄송합니다. 내일 낮에 다시 전화 드리겠습니다."

문자를 전송하고 나서야 깊은 한숨이 나왔습니다. 빨리 집으로 가고 싶었습니다. 곧바로 아영이 어머니에게서 답장이 왔습니다.

"네, 문자 주셔서 감사합니다. 그러게요. 처음에는 선생님과 통화하면서 깜짝 놀랐어요. 무슨 1학년이 친구 돈을 빼앗나 싶어 어이가 없었는데, 규리 어머니 말씀을 듣고 보니 그럴 수 있겠다 이해가 되네요. 늦은 시간까지 퇴근도 못하고 바쁘시네요. 저도 아영이와 다시 잘 이야기해볼게요."

우리 엄마도 이런 일들을 겪으셨을까요? 우리 엄마는 셋이나 키웠는데. 갑자기 친정 엄마가 보고 싶었습니다. 오늘 하루가 무서웠을 딸아이도 보고 싶었습니다.

나중에 전해 들은 이야기이지만, 그날 오후에 아영이와 그 반 담임선생님, 딸아이와 친구, 그 반 담임선생님, 돌봄 선생님 등이 빈 교실에 모여 삼자대면을 했다고 합니다. 담임선생님은 딸아이에게 반성문을 쓰게 하셨고요. 이제 1학년, 아무것도 모르는데 자기가 잘못한 게 뭔지는 알고 썼을지. 그 교실에 앉아서 반성문을 썼을 딸아이를 생각하니 가슴이 답답했습니다. 학교에서는 아이들을 있는 그대로 바라보지 못하고 친구의 돈을 빼앗는 학교 폭력쯤으로 문제를 키우고 있는 것 같았습니다.

필자가 하브루타를 몰랐다면 어떠했을까요. 다른 엄마들처럼 똑같이 아이를 야단쳤을까요? 친구 돈을 왜 가져갔냐며 아이를 비난하고 엉덩이부터 때려줬을까요?

그날 밤 집으로 돌아가는 차 안에서 내내 걱정이 되었습니다. 딸을 만나면 뭐라고 말해야 할지, 웃어줘야 할지, 화난 얼굴로 마주해야 할지, 이게 화낼 상황이 맞는 것인지…. 분명 딸아이에게도 그럴 만한 이유가 있을 것이란 생각이 들었습니다. 먼저 그 이야기를 들어주고 싶었습니다.

집에 도착하니 밤 10시가 훌쩍 넘은 시간이었습니다. 현관에 들어서서 신발을 벗는데, 방문이 빼꼼히 열리며 딸아이가 얼굴을 내밀고 해맑게 웃었습니다.

"엄마 왔어?"

그 얼굴을 보니 일단 안심이 되었습니다. 이불을 뒤집어쓰고 혼자서 울거나 누워 있을 줄 알았는데 멀쩡했습니다. 다행히 생각보다 상태가 좋아보였습니다. 남편과 첫째가 듣지 못하도록 딸아이만 데리고 방으로 들어가 문을 닫고 둘이서 마주 앉았습니다. 딸아이를 쳐다보며 물었습니다.

"오늘 학교에서 무슨 일 있었어?"

무슨 말부터 꺼내야 할지 집으로 오는 내내 고민한 결과 얻은 첫 질문이었습니다.

"아니."

"음, 무슨 일이 있었던 것 같은데?"

필자를 보던 딸이 고개를 숙였습니다. 뭔가 있다는 뜻입니다.

"선생님한테 혼났어."

"왜 혼났어?"

"돌봄 교실에 늦게 들어왔다고."

"그것 때문에 혼났어?"

"응."

"다른 이유가 있었던 것은 아니고?"

"교문 밖으로 나갔다 왔어. 선생님한테 말도 안 하고."

"엄마가 보기에는 선생님한테 혼난 이유가 그게 전부는 아닌 것 같은데…."

딸아이는 잠시 망설이더니 툭 말했습니다.

"나도 알아, 친구 돈 가져간 거."

"왜 아영이한테 돈을 달라고 한 거야?"

삼자대면 이후 선생님에게 들은 이야기로는 돌봄 교실에서 만난 아영이가 돈이 있다고 자꾸 자랑하기에 그럼 한번 보여달라고 했더니 돈을 보여주었답니다. 그래서 딸아이와 친구는 "우리도 하나씩 주면 안 돼?"라고 졸랐고, 아영이는 하도 조르니까 귀찮아서 1000원짜리 한 장씩을 두 아이에게 나눠주었다고 했습니다. 돈을 받은 아이들은 별별 신기한 것들이 많은 후문 앞 문구점에 가서 뽑기를 하고 과자도 사 먹으며 구경을 마치고 유유히 돌아온 것이었고요. 선생님이 찾고 있을 줄은 꿈에도 모른 채.

필자는 딸아이를 꼬옥 안아주었습니다. 그제야 서러움이 폭발했는지 딸아이가 울기 시작했습니다.

"엄마는 규리를 믿어. 네가 일부러 그런 게 아니라는 것도 알고, 나쁜 마음으로 그런 게 아니라는 것도 잘 알아. 엄마는 다 알아. 사람은 다 실수할 수 있어. 엄마도 실수하거든. 그래서 엄마는 걱정 안 해. 규리가 또 그런 실수를 하지 않을 거라고 믿거든. 그런데 돈을 빼앗긴 아영이 마음은 어땠을까? 규리 돈을 친구들이 가져갔다고 생각해봐. 기분이 어떨까?"

"안 좋아."

"맞아. 안 좋을 거야. 그러니까 엄마 생각에는 아영이의 돈을 돌려줘야 할 것 같아. 네가 쓴 그 돈은 원래 아영이 거잖아.

네 생각은 어때?"

"그럼 엄마가 대신 갖다 줘."

"엄마는 그 돈을 안 썼는데?"

그제야 딸이 씨익 웃었습니다. 필자도 환하게 웃어주었습니다.

"내일 낮에 직접 아영이에게 사과하고 돈을 돌려주러 갈까? 대신 엄마가 같이 가줄게."

"알겠어, 엄마."

고맙다는 딸에게 미안하다고 말했습니다. 학교에 들어가기 전에 미리 학교생활의 규칙들을 알려줬어야 했는데, 알려주지 않아서 그런 실수를 한 것 같았습니다. 그 이후로 학교 수업 중 교문 밖으로 나가면 안 되는 이유와 지켜야 하는 여러 규칙에 대한 이야기를 나누었습니다.

다음 날 방과 후, 학교 운동장의 놀이터에서 아영이와 그 엄마를 만났습니다.

"안녕, 네가 아영이구나. 나는 규리 엄마야."

수줍어하는 아영이에게 먼저 인사를 했습니다.

"아영아, 규리가 너한테 사과하고 싶다고 해서 같이 나왔어. 사과를 받아줄래? 규리야, 아영이에게 줄 것이 있지?"

딸아이가 아영이에게 예쁜 편지 봉투를 하나 내밀었습니다. 거기에는 편지와 함께 1000원이 들어 있었습니다. 아영이가 편지를 받아들고 살짝 웃어 보였습니다. 딸아이도 얼굴이 밝아졌습니다. 필자와 아영이 엄마도 얼굴이 밝아졌습니다. 아영이 앞에 가서 얼굴을 마주하고 쪼그리고 앉았습니다.

"아영아, 이건 케이크야. 어제 속상했던 일은 잊으라고 사과하는 마음으로 규리랑 같이 골랐어. 맛있게 먹어줬으면 좋겠어."

등 뒤에 숨겨온 케이크를 아영이에게 내밀었습니다. 아영이는 어리둥절한 표정으로 자기 엄마를 바라보더니, 엄마가 "응, 받아. 받아도 돼" 하니까 그제야 두 손으로 케이크를 받아주었습니다. 아영이 엄마도 고맙다며 언제 아이들과 같이 만나자며 웃으며 돌아갔습니다.

필자 인생에 이렇게 어려운 숙제는 처음이었습니다. 결혼을 결정하는 게 이보다는 쉬웠던 것 같습니다. 어린이집에 사표를 던졌을 때도 이보다는 덜 고민했던 것 같습니다. 속이 다 시원하고 날씨가 그렇게 좋을 수가 없었습니다. 그 이후로 딸아이는 돈에 대한 개념을 확실히 배웠습니다. 돈을 주고도 못 사는 큰 경험이었습니다.

만약 선생님 말만 듣고서 딸아이를 혼냈다면 딸아이 마음이 어땠을까요. 만약 아이의 생각을 묻지 않고 잘잘못만 따졌다면 지금 딸아이와의 관계는 어떻게 됐을까요. 마음을 다치지 않게 하는 훈육, 그 비결은 하브루타 안에 있었습니다.

일하느라 바쁜 불량 엄마였지만 아이의 마음을 묻는 질문으로 아이가 상처받지 않게 문제를 함께 해결하고 현명하게 대처할 수 있었습니다.

딸아이의 이 웃지 못할 해프닝은 우리 가족 사이에서 유명해졌습니다. 아이들의 고모는 살면서 한 번도 못해본 일을 초등학교 1학년이 했냐며 웃음을 터뜨렸고, 친할머니도 중학생 사촌 언니와 오빠도 다 같이 '엄지 척'을 해 보이며 웃었습니다. 필자는 그렇게 대단한 초등학생과 지금도 매일 하브루타를 하고 있습니다.

아이의 마음을 먼저 들여다보는 존중과 사랑의 육아, 하브루타. 아이의 생각을 알고 싶다면, 마음이 다치지 않게 훈육하고 싶다면 오늘부터 하루 한 번 질문하는 하브루타를 시작해 보는 것은 어떨까요?

거짓말은 무조건 나쁜 것인가요?

비판적 사고 하브루타

아이들과 함께 TV를 보던 중 아들이 질문을 하나 했습니다.

"엄마, 거짓말은 다 나쁜 거죠?"

"그렇지."

"그런데 사람들은 거짓말이 나쁘다면서도 '하얀 거짓말'은 괜찮다고 하잖아요."

요즘 세계 위인과 역사적 인물에 푹 빠져 있는 아들이 갑작스러운 질문을 했습니다. 우리는 3·1절 특집 방송을 함께 보던 중이었습니다.

"거짓말은 무조건 나쁜 것이니까 하면 안 된다고 말하는데, 제 생각에는 거짓말이 다 나쁜 것 같지는 않아요."

"왜 그렇게 생각해?"

"거짓말에는 '착한 거짓말'도 있으니까요. '하얀 거짓말'처럼요."

"너는 하얀 거짓말의 의미가 뭐라고 생각하니?"

"음, 그림책에서 나쁜 마음으로 거짓말을 할 때 '새빨간 거짓말'이라고 하잖아요. 그러니까 '하얗다'는 것은 나쁜 마음의 반대 의미가 아닐까요?"

"그러면 너는 어떨 때 하얀 거짓말을 해도 된다고 생각해?"

"음, 지난번에 읽었던 《마지막 잎새》같은 경우요. 나뭇잎이 다 떨어지면 죽을 거라고 믿고 있는 주인공을 위해서 일부러 담벼락에 나뭇잎을 그려 넣은 것은 주인공을 속인 것이지만, 결국은 죽어가던 소중한 생명을 구한 것이잖아요. 그런 착한 마음으로 한 행동은 하얀 거짓말이라고 생각해요."

"네 이야기를 들어 보니 정말 그럴 수도 있겠다. 그러면 하얀 거짓말은 상대방의 마음을 상하게 하거나 피해를 주지 않고 좋은 뜻으로 일부러 하는 거짓말이라고 설명할 수 있을까?"

"그런데 엄마, 꼭 그렇지도 않은 것 같아요."

"그건 왜?"

"지난번에 다 같이 샤부샤부 먹으러 갔을 때 엄마가 직원 아저씨한테 제가 열 살이라고 말하셨잖아요. 그것은 그 식당에 피해를 주는 거짓말이었으니까, 하얀 거짓말이 아닌 거 아니에요?"

아들이 한쪽 눈을 찡긋하며 웃으며 말했습니다. 이런 아들의 설명에 그만 민망해서 웃고 말았습니다. 그날 갔던 샤부샤부 뷔페 음식점은 열한 살부터 성인 요금을 적용하는데, 아들에게 미리 양해를 구하고 만 나이인 열 살로 어린이 요금을 적용해 계산했던 것입니다. 아들은 어떻게 그것을 잊지도 않고 이리도 엄마를 난처하게 궁지로 몰아넣는 것일까요?

"그렇다면 하얀 거짓말이 상대방에게 피해를 안 준다는 전제는 빼고 다시 설명해볼까?"

아들의 말이 틀리지 않았기에 우리는 서로 쳐다보며 한참을 웃기만 했습니다.

거짓말은 옳지 않습니다. 우리는 아이들에게 거짓말은 나쁘다고 가르칩니다. '공부는 못해도 괜찮으니 정직한 아이만 되어라'라고도 말합니다. 그렇다면 거짓말은 무조건 다 나쁜 것일까요? 가족 중에 말기 암 환자가 있다면 그에게 이제 살 날이 얼마 남지 않았으니 마음의 준비를 하라고 정직하게 알려주는 것이 옳은 행동일까요? 그 정직함은 암 환자에게 선한 영향력을 줄 수 있을까요?

거짓말은 분명히 나쁩니다. 거짓말은 하면 할수록 눈덩이처럼 커집니다. 남을 속이는 것에 죄의식이 사라지면 일부러

속이고 이익을 취하려는 사람마저 생깁니다. 그래서 정직이 옳습니다. 하지만 다음 이야기처럼 정직이 반드시 모든 상황에서 옳은 것만은 아닐 수 있지 않을까요?

3·1운동이라는 거사를 치르기 이틀 전, 독립운동가들이 모여 〈기미독립선언서〉를 인쇄하고 있었다. 시간은 어둑한 밤이 되었다. 일본 순사들에게 들키지 않으려고 불빛을 낮추고 인쇄를 한 것이 오히려 의심을 샀고, 그 앞을 지나던 일본 앞잡이 조선인 형사 신철에게 발각되고 말았다. 그 순간 눈앞이 캄캄해진 이종일 선생이 그 조선인 형사를 붙잡고 못 본 것으로 해달라고 통사정을 했지만, 일본 앞잡이 형사는 꿈쩍도 하지 않았다. 결국 독립운동자금을 모두 긁어모아 그에게 주고 회유를 한 사건이 있었다. 일본 앞잡이 형사는 돈을 받고 그 사실을 모른 척해주었다.
그리하여 <기미독립선언문>은 무사히 자정까지 모두 인쇄되어 다음 날 아침 전국으로 퍼졌고, 우리가 알고 있는 3·1운동을 할 수 있었던 것이다. 만약 그 형사가 독립운동 준비를 하고 있다는 사실을 일본군에게 곧바로 알렸다면 어떻게 됐을까? 어쩌면 3·1운동도, 유관순도, 지금의 대한민국도 존재하기 어려웠을 것이다.

- MBC 〈선을 넘는 녀석들〉(2021) 중에서

얼마나 많은 사람이 목숨을 걸고 독립운동에 나섰는지, 그 당시 받았을 고초와 고통을 생각하니 코끝이 찡해졌습니다. 그날 독립운동을 계획한다는 사실이 일본군에게 알려졌다면 지금 우리는 어떤 모습으로 살아가고 있을까요? 일본군에게 독립운동의 사실을 알리지 않은 일본 앞잡이 형사를 우리가 정직하지 못하다, 잘못했다 말할 수 있을까요? 옳은 일을 위하는 거짓말은 타당하다 말할 수 있을까요? 그러므로 우리는 하얀 거짓말은 좋은 것이라 옹호할 수 있는 것일까요?

토론에는 정답이 없습니다. 우리는 서로 다른 생각을 자유롭게 표현하고 나누며 그 안에서 하나의 정답이 아닌 가장 좋은 해답을 얻기 위해 토론을 합니다. 아들과의 대화는 3·1운동이라는 역사적인 사건에서 시작되었지만, 정직함이라는 덕목에 대한 서로 다른 시각의 비판적 사고를 엿볼 수 있었습니다.

비록 3·1운동의 역사적 이면에 서로 엇갈린 증언이 존재한다 할지라도 우리가 말하고 싶은 것은 그것의 사실 유무가 아닙니다. 상황에 따라 옳고 그름이 달라질 수 있는 것, 우리가 옳다고 믿는 것이 어떤 때는 그른 것이 될 수도 있는 것. 그것을 우리는 '비판적 사고'라고 말합니다. 서로의 생각이 다름을 인정하고 상대의 생각을 비판적 사고로 바라보는 것은 하브루타로 길러지는 또 다른 생각의 힘이기도 합니다.

비판적 사고는 상대방의 의견에 왜 그렇게 생각하는지를 묻고, 그와 다른 의견에 근거를 제시하고, 사물을 다르게 바라보는 시각입니다. 비판적 사고가 왕성해지면 생각의 나눔도 풍성해집니다. 또한 혼자만의 생각에 갇혀 오류를 범하는 실수를 줄일 수 있습니다. 요즘 세상에 가짜 뉴스가 판을 치는 이유도 바로 이런 비판적 사고가 점점 사라지고 있기 때문입니다.

지금 아이와 하브루타를 하고 있다면 이것만은 꼭 기억해주세요. '답은 정해져 있으니 너는 대답만 해' 같은 태도로는 진정한 토론도, 비판적인 사고도 할 수 없습니다. 부모는 어떤 상황일 때 하얀 거짓말이 정당화될 수 있는지 혹은 어떤 순간이 정직함을 요하는지 아이 스스로 생각해보는 기회를 줘야 합니다. 어떠한 사실을 앞에 두고 무조건적으로 맹신하거나 세상의 권위에 굴복하지 않도록, 남과 다른 시각으로 비판적인 사고를 할 수 있도록 격려해줘야 합니다. 그것은 짝과 함께 질문하고 대화하며 토론하고 논쟁하는 하브루타 안에서 길러질 수 있습니다.

이제는 '공부 못하는 것은 괜찮으니 정직한 아이만 되어라'라고 가르치기보다 왜 그 상황에서는 거짓말이 정당한 것인지, 왜 정직함은 상황에 따라서 비난을 받기도 혹은 지지를 받기도 하는지 스스로 판단할 수 있게 해야 합니다. 남과 다르게 바라보는 비판적인 사고를 격려해줄 때 아이의 생각 근육은 더욱 견고해집니다. 그것이 바로 우리가 하브루타를 하는 이유이고, 끊임없이 질문을 해야 하는 이유입니다.

불량 엄마는 삼각김밥을, 할머니는 사랑으로 차린 밥상을 주신다

인성 하브루타

요즘은 할아버지 할머니와 다 같이 모여 사는 가족이 드뭅니다. 다둥이 가정도 있지만 한 자녀 가정이 많다 보니 대부분 소가족이기도 합니다. 연년생 둘을 키워온 필자는 혼자 크는 아이를 보면 조금 안쓰러운 생각마저 듭니다. 우리 집 아이들은 다행히 남매가 서로 친구처럼 커오는 동안 심심하지 않게 자랐습니다. 적어도 심심하지는 않았다는 것이지, 좋기만 했다는 것은 아닙니다. 하루 중 즐거운 모습은 30분도 채 안 되고 나머지 시간은 거의 싸우며 보냈으니까요. 엄마로서는 정말 참아주기 힘든 시간입니다.

하브루타를 만나기 전 필자는 지시와 명령은 물론이고 고

함치기를 밥 먹듯 하는 지극히 평범한 '버럭 엄마'였습니다. 아이들이 아장아장 걷기 시작할 때부터 미운 3살, 미운 4살, 미운 7살… 그 힘들다는 마의 구간을 지날 때까지 이 버럭 엄마가 육아 전쟁에서 버틸 수 있도록 힘이 되어주신 분이 있습니다. 아이들에게 바른 인성을 가르쳐주시고 힘겨운 독박 육아에서 한결같은 도움의 손길을 보내주신 시어머니입니다.

시댁은 우리 집에서 불과 10분 거리에 있습니다. 필자가 바쁘거나 퇴근이 늦을 때면 시어머니 찬스는 정말 유용하게 쓰입니다. 시댁이 저 멀리 5시간, 10시간 거리에 있는 엄마들은 시댁과 가까이 살아 얼마나 피곤하냐며 안타깝게 보기도 하지만 필자는 전혀 그렇지 않았습니다. 오히려 가까이 계셔서 훨씬 편했습니다. 편리하다는 말보다 '피난처'라는 표현이 더 맞을 것 같습니다. 집에 밥이 없을 때 시댁에 가면 언제나 푸짐한 저녁을 먹을 수 있었고, 항상 밑반찬을 챙겨주시니 반찬 걱정은 한 적이 없습니다. 시어머니는 항상 친정 엄마처럼 챙겨주셨습니다.

다른 집들은 시어머니가 며느리 집에 연락도 없이 수시로 들이닥쳐서 스트레스를 받네, 냉장고를 살피고 당신 아들에게 아침은 제대로 해 먹이는지 잔소리를 하시네 하며 난리이지만 필자에게는 전혀 상관없는 이야기였습니다. 필자의 시어머니는 전혀 그렇지 않았으니까요.

늦은 퇴근 후 시댁으로 아이들을 데리러 가면 TV를 보시다가도 스윽 일어나서 조용히 주방으로 가십니다. 그러고는 저녁 밥상을 차려주십니다. 늦게 아이들을 데리러 온 며느리에게 늦었다고 나무라신 적도 없습니다.

왜 시어머니는 한 번도 화를 내지 않으셨을까요? 아이들 저녁까지 챙겨주느라 힘드셨을 텐데도 내색하지 않으셨습니다. 밥을 다 먹고 설거지라도 하려고 하면 시간이 늦었으니 어서 아이들을 데리고 집으로 가라며 필자가 손에 쥐고 있던 고무장갑을 기어코 뺏어가셨습니다.

시어머니는 참 무뚝뚝하십니다. 하지만 늘 말보다 행동으로 마음을 표현해주셨습니다. 아이들을 데리고 가려고 현관을 나서려는데 식탁에 올려둔 비닐봉지를 들고 가라 하십니다. 그 비닐봉지 안에는 새로 담은 겉절이와 밑반찬이 두어 통 들어 있었습니다. 시어머니는 그렇게 늘 사랑을 담아 주셨습니다. 그래서 필자에게 믿는 구석은 늘 시어머니였습니다. 시어머니가 계셔서 힘이 되고 든든했으니까요. 필자의 생일에 어김없이 잡채와 갈비를 해놓고 기다리시는 분. 그런 사랑이 과분해 우리 부부는 시어머니가 말씀하시는 것이라면 언제나 기쁜 마음으로 나서게 됩니다.

이런 모습을 우리 아이들은 어렸을 때부터 보고 자랐습니다. 일하느라 바쁘고 피곤해도 할머니에게 도움이 필요할 때면 엄마 아빠가 달려가 도와드리고 챙겨드리는 모습을 우리 아이들이 지켜보았을 것입니다. 그래서 아이들에게 주말 저녁 할머니 집에서의 가족 식사 모임이나 할머니 집 방문은 언제나 신나고 즐거운 시간입니다.

필자는 퇴근이 늦을 때가 많고 야근도 잦았지만 그런 일들이 결국은 아이들이 할머니 집에서 시간을 보내고 할머니 집밥을 먹게 해주었고 할머니 사랑도 듬뿍 느끼게 해주었습니다. 불량 엄마의 늦은 귀가가 아이들에게 할머니와 함께하는 소중한 시간을 만들어준 것입니다.

시부모님은 언제나 아이들에게 허용적인 태도를 보여주십니다. 손주들이 말하는 것이면 뭐든지 들어주시니까요. 손주가 만화를 보겠다고 하면 시아버지는 당신의 TV 앞 아랫목도 흔쾌히 내어주셨습니다. 시어머니는 손주의 입맛을 참 잘 아십니다. 필자가 갓 한 달 된 아들을 두고 출근했을 때 시어머니가 먹이고 재우고 보듬어주셨고, 아이가 걷기 시작하자 손수 야채와 고기를 다져서 이유식을 끓여 먹여주셨습니다. 아이를 포대기로 업고 동네 산책도 도맡아 해주셨습니다. 아이들은 그렇게 할머니 손에서 할머니 집밥을 먹으며 건강하게 자랐습니다. 지금은 할머니표 청국장에 밥 한 공기를 뚝딱 해치우고, 할머니표 묵은지 김치찌개를 제일 좋아라 합니다.

문득 하브루타 교육 중에 만났던 한 선생님이 떠오릅니다.

네 살짜리 아이를 둔 엄마라고 했습니다. 시댁에서 분가해서 사는데, 맞벌이다 보니 늦게까지 일이 있을 때가 많다고 했습니다. 그럴 때면 저녁 시간에 아이를 시부모님 댁에서 봐주신다고도 했습니다. 아이를 키우며 일하는 엄마라면 모두 절실히 느끼는 것이지만 급할 때, 아이가 아플 때 주변에 도움을 받을 수 있는 누군가가 혹은 기댈 곳이 있다는 것은 정말 안심이 되고 고마운 일입니다.

문제는 할머니의 집밥이었습니다. 아이가 네 살인데 할머니가 차려주시는 밥상은 너무 어른 입맛의 음식들이 많다는 것이었습니다. 그 선생님은 어린 아이에게 맵고 짠 반찬을 주는 게 탐탁지 않았고, 몇 번 시어머니께 말씀드려 보았지만 여전히 음식은 바뀌지 않았다고 했습니다. 그래서 아이를 시댁에 맡기기는 하지만 시어머니가 이것저것 주시는 음식들이 신경 쓰여서 웬만해서는 시댁에 부탁하지 않는다고도 했습니다. 이야기를 하는 선생님의 표정이 꽤나 심각해 보였습니다. 정말 그것만큼 난감하고 고민되는 일이 또 있을까요?

아직 어린아이에게 매운 김치찌개를 떠주고 짠 반찬들을 먹일 때 그것을 바라보는 엄마의 불안함과 조바심을 이해합니다. 그런 마음에 종종 불안하면서도 차마 시어머니께 '애기들한테 짠 음식은 안 좋아요, 어머니'라고 말할 수 없는 심정 또한 잘 압니다. 지나고 생각해보면 참 웃음이 나오는 일입니다. 나는 얼마나 아이에게 집밥을 잘해 먹였기에, 얼마나 유기농에 신선한 채소들로 직접 만든 정성스런 밥상을 차려줬기에 할머니의 반찬들을 타박했을까. 때때로 라면은 물론이고 편의점 도시락을 애용하던 필자로서는 차라리 할머니의 짠 반찬이 더 훌륭한 밥상이었는지도 모릅니다.

모든 일에는 시간이 필요합니다. 다 지나가는 과정일 것입니다. 아이 교육만큼은 내가 잘할 수 있다고 큰소리쳤지만 결국 일하느라 바쁘고 힘들다는 핑계로 외식을 자주했던 불량 엄마는 할머니 밥상의 대단한 힘을 나중에야 깨달았습니다. 짜고 매운 집밥이 아이에게 끼친 영향은 미미했고 할머니의 따뜻한 사랑이 가득 담긴 밥상 덕분에 마음이 고운 아이로, 예의가 바른 아이로, 어른을 공경할 줄 아는 건강한 아이로 훌륭하게 잘 자라고 있습니다.

필자가 하브루타 인성 교육을 이야기할 때 꼭 강조하는 말이 있습니다.

"할머니 할아버지 댁에 자주 찾아가세요. 아이들이 할머니 할아버지를 만나는 기회를 자주 갖게 해주세요. 그것만큼 훌륭한 인성 교육은 없으니까요."

우리 아이들에게 할머니 할아버지가 주시는 정감 있는 밥상을 누릴 기회를 만들어주면 어떨까요? 지금 우리 아이들에게 할머니 할아버지가 계시다는 게 참 감사합니다. 양가 할머니들의 사랑을 듬뿍 받고 자란 우리 집 아이들은 할머니란 존재가 낯설지 않습니다. 그래서인지 오히려 아들이 외할머니의 안부를 곧잘 묻고는 합니다. 아직 어리다고 생각했는데 어느새 이만큼 자라 있네요. 어떻게 해서든 전달된 사랑은 아이들도 다 느끼나 봅니다. 꼭 말하지 않아도 정은 느껴집니다. 그것이 사랑입니다. 며느리가 시어머니의 사랑을 느끼는 것처럼, 손주들이 할머니의 사랑을 느끼는 것처럼요. 그래서 옛날 웃어른들은 따뜻한 밥 한 끼를 그리도 챙겼을까요. 따뜻한 밥상에 그리 큰 의미가 있었는지 하브루타 대화를 나누면서 알았습니다.

나와 내 가족들에게 관심을 가지는 마음, 웃어른을 공경하고 배려하는 마음, 받은 사랑에 보답할 줄 아는 마음, 그런 마음을 질문하고 표현하는 아이. 일상의 질문 육아가 이렇게 또 빛을 발합니다. 불량 엄마는 아이에게 삼각김밥을 주었지만 할머니는 손주에게 사랑으로 차려진 밥상을 주셨습니다. 밤늦은 귀가로 매일 밤 바쁜 불량 엄마 대신에….

불량 엄마라고 가슴 아파하지 않기를 바랍니다. 일과 육아를 병행하며 열심히 사는 당신은 불량 엄마가 아니라 진짜 성실한 엄마니까요. '아이 한 명을 키우는 데 온 마을이 필요하다'라고 하지 않던가요. 아무리 성실하고 완벽한 엄마도 혼자 감당하기 힘든 것이 육아입니다. 주변의 도움들이 미안하고 못 챙겨서 미안하고 못 놀아줘서 미안하다면 지금 감사의 마음을 표현해보세요. 할머니의 집밥을 먹으며 웃어른께 감사한 마음을 표현하는 법을 아이와 하브루타로 나누어보면 어떨까요.

필자가 일하는 엄마가 아니었다면 우리 아이들이 할머니의 사랑을 느낄 기회가 있었을까요? 성실한 전업주부 엄마보다 할머니 찬스를 더 많이 쓰는 일하는 불량 엄마는 오늘도 아이들에게 할머니 밥상을 먹을 수 있는 행운을 만들어주고 있는지도 모릅니다.

감사함을 알고 그런 생각과 마음을 상대방에게 표현할 줄 알고 입장을 바꿔 생각할 줄 아는 마음이 바로 하브루타의 시작입니다. 오늘부터 마음을 묻고 생각을 표현하는 엄마가 되어보세요. 질문하고 표현하는 당신을 아이는 세상에서 가장 좋은 엄마로 기억해줄 것입니다.

관찰 모드 ON
간섭 모드 OFF

사춘기 하브루타

아이들은 어느 정도 자라면 조금씩 독립할 준비를 합니다. 우리는 그것을 사춘기라고 알고 있습니다. 사춘기는 건강한 아이에게 지극히 정상적으로 찾아오는 발달단계입니다. 아이가 엄마의 울타리를 벗어나 밖으로 나가려고 하는 것, 바깥세상의 다른 것들에 호기심을 갖는 것. 그것은 아이가 그만큼 자랐다는 증거일 테고, 엄마라면 그런 아이의 모습을 발견했을 때 현명한 대처를 할 수 있어야 합니다. 아무리 겁을 주고 못 나가게 해도 아이는 결국 바깥세상을 향해 나가게 되어 있다는 것을 우리는 잘 알고 있으니까요.

우리 집에도 그런 사춘기 바람이 어김없이 불어왔습니다.

아들에게 그런 마음이 꿈틀대기 시작한 것은 초등학교 4학년 겨울을 앞둔 즈음이었습니다. 가족들과의 저녁 외식 시간이 서로 안 맞거나 혼자만의 계획이 있는 경우 아들은 여지없이 따로 버스를 타고 이동하는 등의 개별 행동을 하기 시작했습니다. 처음에는 그냥 하는 말이겠지, 심술부리느라고 괜히 으름장을 놓는 것이겠지 하던 것이 점점 늘자 자꾸만 밖으로 나가려는 모습에 필자의 마음은 조금씩 불안해졌습니다.

열한 살 아들의 탐험가 모드는 그렇게 시작되었습니다. 어느 날, 겁도 없이 차로 20분 거리의 전철역 광장을 자전거를 타고 찻길을 누비며 다녀온 것입니다. 그때는 달리고 싶은 충동으로 '가다 보니 그곳까지 갔을 거야'라고 이해하고 대수롭지 않게 넘겼습니다. 그런데 아들이 또 친구들과 전철역 광장으로 나간 것입니다. 이번에는 버스까지 타고서 말입니다. 어쩐지 요즘 교통카드를 갖고 싶다고 하더니 아빠가 비상시 사용하라며 충전해준 버스카드를 사용한 것 같았습니다.

아들은 그곳에 있는 만화 카페에서 친구들과 컵라면을 먹었다고 했습니다. 요즘 초등학생들이 그런 곳에서 친구들과 시간을 보낸다고 해서 알아보니 옛날보다 더 업그레이드된 만화방 같은 곳이었습니다. 입장료만 내면 그 안에 있는 과자들이 무한 제공되고 컵라면은 1000원이면 먹을 수 있다니, 초등학생들에게 그곳은 더없이 좋은 천국일 것 같았습니다.

거기다 다양한 보드게임도 비치되어 있고 영화도 무료로 볼 수 있다고 했습니다.

필자에게 말도 없이 저금통에서 1만 원을 꺼내 들고 용감하게 시내 구경을 마치고 집으로 돌아온 아들이 흥분한 목소리로 자신의 무용담을 늘어놓기 시작했습니다.

"엄마, 만화방에서 친구들이랑 나와서 그다음에 어디로 갔는지 알아요?"

"어디로 갔는데?"

"마트 시식 코너요."

놀라서 쳐다보는 필자를 보고 아들은 자신이 말하고도 민망했던지 계속 히죽히죽 웃었습니다. 그 웃는 얼굴에 화가 나기도 전에 그런 아들을 한심하게 바라보았을 다른 어른들의 시선이 먼저 떠올라 민망한 기분이 들었습니다. 그도 그럴 것이 만두 시식 코너의 아주머니가 아이에게 빨리 먹고 가라며 작은 목소리로 얘기했다고 합니다. 시식 코너에서 만두와 함께 눈치도 먹었을 아들에게 갑자기 화가 나기 시작했습니다. 그때 아들이 먼저 말했습니다.

"엄마, 그런데 다음에는 엄마랑 같이 마트에 갈 때 시식 코너를 가야겠어요. 혼자서는 좀 부끄러워서요."

해맑게 싱글싱글 필자를 보면서 웃습니다.

"나 참. 그래, 특별한 이유 없이 그냥 마트에 가서 시식 코너를 돌아다니며 음식을 먹은 것은 너무했다. 아들."

아들도 엄마가 느낀 민망함을 아는 것 같아 더 이상의 잔소리는 하지 않았습니다.

집에서만 놀던 아이가 어느 순간 놀이터를 가고 싶어 했고, 놀이터에서 놀던 아이가 어느 날 집에서 멀리 떨어진 공원에 나가자고 했습니다. 엄마와 함께 가는 게 아니면 혼자서는 절대로 어디도 못 나갔던 다섯 살짜리가 어느새 커서 혼자 버스를 타고 바깥세상을 구경 다니기 시작했습니다. 아이의 그런 행동에 불안한 마음을 느끼는 것은 어쩔 수가 없었습니다. '그러다 무서운 아저씨가 데려가면 어쩌려고' 하는 엄마의 으름장도 이제는 안 통하는 다 큰 열한 살 아들.

아직 어리다고 생각했는데 요즘 부쩍 "엄마, 나는 언제 결혼할 수 있어요?"라고도 묻습니다. 여자 친구도 마음대로 사귀고 맛있는 것도 사 주고 싶다면서 말입니다. 아들은 키가 커진 만큼 생각도 자라고 있었습니다. 호기심이 커지면서 관심 있는 질문들도 달라졌습니다. 이제 내 품에서 아들을 놓아줄 때가 왔구나 생각하니 벌써 집을 떠나 독립이라도 한 것처럼 서운함이 밀려왔습니다. 엄마에게 아들의 사춘기는 이런 느낌인 걸까요?

언제나 새로운 것에 도전하고 호기심을 갖는 아이가 되기를 바랐는데, 자기 주도적인 아이로 키우자며 떠들고 다닌 필자에게도 이런 흔들리는 순간이 올 줄 몰랐습니다. 도저히 가만히 있을 수가 없었습니다.

'저러다 계속 더 멀리 나가면 어떡하지? 멀리 나갔다가 집에 돌아오는 길을 잃어버리면 어떡하지? 나쁜 형들을 마주치면 어떡하지?'

주도적으로 아이 스스로 결정하도록 지켜보던 필자에게 갑자기 수많은 생각이 스쳐 지나갔습니다.

'다시는 멀리 못 나가도록 따끔하게 혼을 내줘야 하나? 만화 카페 같은 곳에 가지 못하게 해야 하나? 어떻게 말을 하지?'

그런데다 말도 없이 저금통에서 돈을 꺼내 다녀왔다는 게 마음을 더 불안하게 만들었습니다. 너그럽게 아이를 바라보자 했던 마음에 심한 요동이 쳤습니다.

다시 심호흡을 하고 마음을 진정시켰습니다. 초등학교 1학년 때에도 스스로 척척 알아서 잘하던 아들인데 왜 갑자기 이리도 걱정이 되는 것일까요? 순간 아이의 바깥세상에 대한 호기심에 간섭하려는 나를 발견했습니다. 아이의 생각을 묻던 엄마가 질문을 잠시 잊고 아이에게 간섭을 하고 있었던 것입니다. 사춘기 아이와 소통이 힘든 이유가 엄마의 일방적인 간섭과 잔소리 때문 아니던가요. 아이를 지켜보는 관찰 모드에 잠시 불이 꺼졌었나 봅니다. 그날 저녁 아들과 함께한 저녁 식탁에서 우리는 서로 대화하며 열띤 하브루타를 하였습니다.

“왜 엄마가 시내에 나가면 안 된다고 하는지 아니?”

“제가 걱정이 되어서요.”

“맞아, 엄마가 걱정이 많이 됐어. 왜 걱정이 됐을까?”

“오늘 나갔던 곳은 저 혼자서 가기에는 좀 먼 곳이었어요. 그래서 걱정한 거죠, 엄마?”

“맞아, 그런데 네가 놀이터나 집 근처에 나갈 때도 엄마가 오늘처럼 걱정했을까?”

“그때는 크게 걱정 안 하시는 것 같았어요.”

“그래, 맞아. 왜냐하면 집 근처는 늘 다니는 곳이고, 네가 가는 곳이 안전한 곳인지 아닌지를 엄마가 잘 알고 있으니까 걱정이 덜 됐던 거야.”

“네, 알아요.”

“그런데 태윤아, 전철역과 쇼핑몰이 있는 시내는 집 주변과는 많이 달라. 어떻게 다를까?”

“가보지 않은 곳이에요. 길도 모르고 사람들도 많고요.”

“맞아. 엄마는 네가 어떤 곳에 어떤 사람들과 있는지를 알 수 없어서 걱정이 많이 돼. 왜냐하면 네가 생각하는 것과 다르게 나쁜 어른들도 있고 초등학생들이 갈 만한 곳인지 아닌지 너 스스로 판단하기 어려운 곳들도 있거든. 그렇다고 다시는 가지 말라는 뜻은 아니야. 대신 다음부터는 미리 엄마에게 말해주고 가면 어떨까? 그럼 걱정이 조금 덜할 것 같은데…”

"네, 그럴게요. 엄마, 걱정시켜드려서 죄송해요."

"그런데 혼자서 거기까지 가는데 괜찮았어?"

"갈 때는 몰랐는데 돌아오는데 보니까 모르는 길이 보여서 좀 무섭기는 했어요."

"그래도 대단한걸! 버스 타고 혼자서 집도 잘 찾아오고. 다음에는 엄마도 만화 카페에 같이 가볼까? 엄마도 만화책 좋아하는데, 컵라면도 같이 먹고. 어때?"

"완전 좋아요!"

하브루타를 하면서 질문도 중요하지만 무엇보다도 아이와의 관계가 나빠지지 않도록 주의해야 합니다. 엄마의 섣부른 간섭이나 잘못된 질문으로 아이와의 관계가 깨질 수도 있기 때문입니다. 아이의 돌발 행동이 보인다면 간섭 모드는 잠시 끄고 관찰 모드를 켜보는 것은 어떨까요? 관계가 나쁘면 아무리 좋은 질문으로 하브루타를 시도해도 절대 좋은 대화로 이루어지지 않습니다. 아이와의 돈독한 관계가 형성되었을 때 비로소 진정한 대화가 이루어집니다.

만약 필자가 아이 혼자 전철역까지 나간 것을 훈육이랍시고 따끔하게 혼을 냈다면 어떻게 됐을까요? 아마 아들은 다시는 엄마에게 자신이 했던 일을 말하려고 하지 않았을 것입니다. 엄마에게 벽을 쌓기 시작했을 것입니다. 흔히 사춘기 자녀와의 관계가 어렵다고들 합니다. 일반적으로 엄마들은 먼저 가르치려고만 드니 자녀들은 말하고 싶지 않았을지 모릅니다. 아이 마음이 되어 보니 조금 이해가 갔습니다. 필자도 학창 시절에 부모님께 거짓말하고 친구들과 밤늦도록 돌아다닌 적이 있었으니까요.

사춘기는 누구나 겪는 과정입니다. 처음에는 다소 당황스러워도 기꺼이 받아들여야 합니다. 부모라면 사춘기의 부정적인 면만 보지 말고 아이가 더 건강해진다는 신호로 생각하고 긍정적으로 바라보는 열린 마음을 가져야 좋습니다.

티셔츠 소매는 손이 보이지 않게 끝까지 내려 입어야 하고, 앞머리는 눈을 가릴 정도로 길게 내려야 멋이고, 등교 준비로 바쁜 아침에 밥은 못 먹어도 입술에 바를 틴트는 꼭 챙겨야 하고, 눈썹도 정성을 들여 세심히 그려줘야 합니다. 친구와의 통화는 꼭 방문을 닫고 소곤소곤 나누어야 하고, 언젠가부터 '나 화났어'라는 말을 자기 방문을 '꽝' 부서지도록 닫는 것으로 대신하기도 합니다.

이 모든 사춘기의 모습을 부모가 사사건건 간섭하거나 불편한 눈으로 바라보면 끝이 없습니다. 정말 지켜볼수록 불편하기 짝이 없지만 그것도 우리는 존중해줘야 마땅합니다. 왜냐하면 그것은 아이가 몸으로 말하는 표현의 하나이고, 부모라면 아이가 표현하는 모든 몸짓 그 자체를 있는 그대로 바라봐줘야 하기 때문입니다. 세상 어느 누가 자식의 반항기 가득

한 행동을 엄마처럼 받아줄 수 있을까요? 부모가 부정적인 시선으로 바라보면 아이도 그것을 느낍니다. 그런 눈빛으로 바라보는 엄마의 조언을 잔소리로 치부할 것입니다.

아이를 이해하지 않으면 진정한 하브루타는 이루어지기 힘듭니다. 아이의 입장이 되어보고 아이의 마음이 되어보는 것이 우선인 이유입니다. '엄마가 다 해봤는데, 그런 것은 소용없고 쓸데없어'가 아니라 허용하는 마음으로 아이의 사춘기를 받아들여보는 것은 어떨까요? '엄마도 그랬는데, 너도 얼마나 궁금하겠니?' 하며 아이의 눈높이로 바라볼 때 진정한 하브루타 질문을 할 수 있습니다.

그 이후로도 필자는 아들과 저금통에 용돈을 관리하는 법에 대하여, 거짓말을 왜 하면 안 되는지에 대하여 많은 대화를 나누었습니다. 위험한 상황이나 나쁜 어른들을 만나게 되면 어디에 도움을 청해야 하는지도 이야기 나누었습니다. 그리고 '네가 어떻게 하든, 무슨 행동을 하든 엄마는 다 이해할 수 있다'는 말도 잊지 않았습니다. 그러면서 다시 한번 아들에게 든든한 안식처가 되어줘야겠다고 다짐했습니다.

그 일이 있은 후 우리는 비밀이 없는 더욱 돈독한 모자 사이가 되었습니다. 아, 물론 필자에게 말도 없이 저금통에서 돈을 꺼내 다녀왔다는 사실은 도저히 용서할 수 없는 일이었으나, 잠시 '바늘 도둑이 소 도둑 된다'는 상상의 나래를 펼치던 걱정을 접어두고 현실로 돌아와 아들을 있는 그대로 마주하는데 집중했습니다. '도둑이 돼서 나중에 사기꾼이 되면? 그러다 범죄자가 되면?' 이런 꼬리에 꼬리를 무는 걱정 시나리오는 과감히 지워버리고, 아들에게 직접 엄마의 마음을 이야기해주는 것으로 대신했습니다.

아이가 새로운 것에 도전할 줄도 알고 그것을 즐기고 실패를 두려워하지 않기를 바란다면 아이가 원하는 대로 자유롭게 놓아주고 지켜봐주면 됩니다. 아니, 적어도 그런 기회를 한번쯤은 허용하고 눈감아주세요. 아이에게 자유로움을 허용한다는 게 쉽지만은 않겠지만 아이에 대한 믿음만 있다면 자유는 생각보다 쉽게 허용할 수 있습니다.

오늘부터 관찰 모드를 켜보세요. 믿음으로 바라보는 관찰모드를 켜고, 간섭 모드는 잠시 꺼두세요. 호기심으로 가득 찬 아이를 믿음으로 바라보고 자유롭게 나가도 된다고 말해주세요. 탐험가와 같이 호기심이 넘치는 아이에게 한번 해봐도 되고, 한번 다녀와도 된다고 말해주세요. 엄마는 새로운 도시로, 광장으로 나가려는 아이를 지켜보며 늑대와 여우를 막는 방법에 대해 하브루타만 하면 되니까요. 사춘기 자녀의 마음의 문을 열고 싶다면 하브루타를 시작해보세요. 닫힌 마음을 열어주는 하브루타 대화는 먼 길로 탐험을 떠났던 아이가 엄마가 있는 베이스캠프로 다시 돌아올 수 있게 할 것입니다.

어디 가는 길이니?
오늘도 즐거운 하루 보내렴!

부모 인식 개선 하브루타

어느 금요일 밤 9시 30분. 태권도장에서 전화가 걸려왔습니다. 그 시간이면 아들이 태권도 마지막 타임을 마치고 집으로 귀가하는 차량에 타고 있을 시간입니다. 축구를 하다가 발목이 접질린 것 같다는 다급한 관장님의 목소리였습니다. 마침 남편도 출장 중이어서 둘째를 집에다 혼자 두고 응급실로 갈 수 없는 상황이라 발만 동동 구르고 난감해하고 있었습니다. 결국 자리를 비운 남편 대신 태권도장 사범님이 아들을 업고 응급실로 가주었고, 그날 이후 아들은 7월 한여름 날씨에 한 달 동안 깁스를 하는 신세가 되어버렸습니다.

날은 덥고 아무것도 마음대로 하지 못하는 아들은 조금씩 지쳐갔습니다. 그렇게 좋아하는 학원도 가지 못하고, 친구도 만나지 못하고 집에만 있는 아들도 안타까웠지만, 여름방학만 기다리며 바다에 갈 생각에 들떠 있던 딸은 오빠 때문에 올여름 물놀이 계획이 다 무산되었다며 잔뜩 풀이 죽어 있었습니다. 아들은 아들대로, 딸은 딸대로 나름 사정이 딱해 보였지만 그렇다고 다리가 불편한 아들을 데리고서 캠핑장이나 수영장에 갈 엄두조차 낼 수 없었습니다.

그러던 중 안 되겠다 싶은 생각에 남편과 무작정 아이들을 차에 태웠습니다. 사실 발을 담글 수도 없는 처지에 계곡이나 바다, 수영장에 가면 오히려 물에 더 들어가고 싶어서 속상하기만 할 테니 올여름 여행은 다 포기하자 했었습니다. 게다가 코로나19로 인해 조심스러운 상황이기도 했지만 마음을 바꿔 먹기로 했습니다. 그래서 여름휴가 콘셉트를 산과 들의 경치를 구경하며 힐링하는 '뷰캉스'로 정했습니다. 차를 타고 꼬불꼬불 산길과 덜컹대는 시골길을 지나며 나무 냄새, 밭 냄새를 맡고 경치를 즐기며 다녀보기로 계획을 세웠습니다. 가다가 경치 좋은 곳에 차를 세우고 아이스크림도 하나 먹고, 또 맘에 드는 곳이 있으면 맛있는 점심도 즐기자 했습니다.

그러다 경치가 좋은 카페 앞 바닷가를 발견했습니다. 목발을 짚고 걷기는 힘드니까 차에서 기다리자 했지만 아들이 꼭 내리겠다고 했습니다. 모래사장에 목발이 쿡쿡 박혀 가뜩이나 걷기도 힘든데, 전진하지 못하고 땀방울이 뚝뚝 떨어졌습니다. 다른 때 같았으면 '목발이 힘들다, 짚고 서느라 겨드랑이가 아프다' 하면서 불평불만을 늘어놓았을 텐데 이날은 아무 불평 없이 30분을 그렇게 모래사장에 서 있었습니다. 그렇게 좋아하는 바다에 들어가지 못하고 보고만 있어도 좋았나 봅니다. 문득 그런 아들에게 미안한 마음이 드는 것은 왜일까요? 저렇게 좋아하는데 차 안에 혼자 심심하게 앉아 있게 하려 했다니요.

안 돼서 못하는 게 아니라 안 된다고 생각해서 아예 못하게 하려 했던 것은 아닐까요? 아이는 괜찮은데, 다리가 좀 불편한 것 말고는 평소와 다를 게 없는데 말이지요. 오히려 필자가 문제를 더 크게 키우고 심각하고 우울하게 바라본 것입니다. 혼자서도 저렇게 목발을 잘 쓰는데, 환자 취급하며 '너의 생각은 어떠냐'는 질문을 잠시 잊었던 내 자신이 순간 부끄럽고 미안했습니다.

힘겹게 모래사장 위에서 목발을 짚고도 즐거워하는 남매를 보고 있는데, 갑자기 예전에 들었던 장애 인식 교육이 떠올랐습니다. 특수 유아교육에 대해서는 하나도 모르던 필자에게 그 강의 내용은 상당히 인상 깊었습니다. 장애가 있든 없든 우리는 모두 다 같은 친구이고 함께 세상을 살아가는 똑같은 존엄한 존재라는 것이었습니다. 그런데 왜 '장애가 있는 친구는 우리가 먼저 도와줘야 한다'고 배웠을까요? 왜 장애가 있는 친구를 만나면 측은하게 바라보고 씩씩하게 용기를 내라며 격려의 눈빛과 위로의 말을 전해야 한다고 생각했을까요? 우리는 왜 장애인과 비장애인을 서로 다른 존재로 편을 갈라 장애인을 돌보아줘야 하는 대상으로 여겼던 것일까요?

> 흑인 선생님이 가르치는 교실에는 흑인 친구도 백인 친구도 황인 친구도 모두 다 같이 함께 이야기 나누며 배우고 있어요. 흑인 선생님이 들려주는 이야기를 세계 여러 나라 친구들이 다 함께 모여서 듣고 이야기 나누고 있네요. 그 가운데에 휠체어를 타고 있는 친구도 함께 있어요.

《소피는 할 수 있어, 진짜진짜 할 수 있어》(몰리 뱅, 최나야 역, 책읽는곰, 2018)라는 그림책에 등장하는 소피의 교실 속 풍경입니다. 그들 중에 이 교실을 이상하게 보는 아이는 없습니다. 왜 선생님이 흑인이냐고, 왜 친구가 휠체어를 타고 교실에 앉아 있냐고도 묻지 않습니다. 그들의 문화에서는 장애가 있어도, 피부색이 달라도, 휠체어를 탔어도 모두 다 함께 살아가는 동등한 존재이기 때문입니다.

한쪽 다리를 다쳐서 불편해도 아들은 예전과 똑같이 잘 웃고 잘 먹고 장난치는 개구쟁이인데 필자는 '저렇게 불편한 아이를 데리고 어디를 나가?'라고 남의 시선을 의식하고 있었던 것인지도 모릅니다.

하지만 필자의 걱정과 달리 사람들은 계단에서, 엘리베이터에서, 주차장에서 빨리 가라 재촉 않고 한 발 한 발 가는 느림보 아들을 묵묵히 바라봐주었습니다. 걱정했던 것보다 우리 사회가 참 건강하다고 느꼈습니다. 좋은 어른들이 참 많다고 생각했습니다. 아들도 그렇게 느꼈을까요? 덩달아 아들에게도 어쩌다 다친 깁스 신세가 더불어 사는 세상을 경험하게 해준 계기가 되지 않았을까요?

하루 온종일 겨드랑이 아프게 목발 투혼으로 힘들었을 텐데, 아들은 바다도 보고 나갈 수 있어서 너무 좋았다면서 "엄마 아빠, 감사해요"라고 말합니다.

이날 아들 덕분에 필자는 또 큰 깨달음을 얻었습니다. 질문은 사실을 물어보는 것에 그치는 것이 아닙니다. 상대방이 처한 형편과 마음을 이해한다면 우리는 마음을 묻는 질문으로 좀 더 다가갈 수 있습니다. 아이의 마음을 짐작하지 말고 질문해보세요. 이제 몸이 불편한 친구를 만나면 이렇게 말할 거예요.

"어디 가는 길이니? 오늘도 즐거운 하루 보내렴!"

남과 다른 것을 왜 틀렸다고 하는 것일까요?

존중 하브루타

"엄마, 줄넘기 사 오셨어요?"

밤늦은 귀가에 엄마를 못 보고 잠든 딸이 미리 문자로 남겨 놨던 미션이 있었습니다. 퇴근하는 길에 사 가겠다고 답장했던 불량 엄마는 이른 아침에 딸의 숙제 검사를 하다가 '아차' 싶었습니다.

"오늘 학교에 가지고 가야 하는데…."

"어쩌지, 엄마가 깜빡해버렸네."

"엄마, 현정이 생일 파티에 친구들 엄마도 다 온다고 했는데, 엄마도 같이 갈 수 있어요?"

"음, 엄마는 그 시간에 안 될 것 같은데. 규리 혼자 다녀오면 안 될까?"

일이 바쁜 불량 엄마는 아이 준비물 챙기기가 제일 어려웠습니다. 아이와 함께 친구의 생일 파티에 함께 갈 마음의 여유도 없었습니다.

딸아이는 초등학교 1학년 때 만났던 같은 반 친구들과 지금까지도 함께 생일 파티, 크리스마스, 여름 물놀이 등을 함께 하며 같은 동네에서 우정을 나누고 있습니다. 그래서 딸 친구 엄마들도 필자가 어떤 엄마인지 이미 알고 있습니다. 요즘은 학교의 'e-알리미' 시스템 덕분에 학교 소식을 스마트폰으로 쉽게 확인할 수 있습니다. 바쁜 엄마에게는 아주 유용하고 편리합니다. 그럼에도 미처 확인하지 못한 바쁜 엄마 때문에 딸은 준비해가지 못하는 준비물이 많았습니다. 왜 필자는 아이들 챙기는 것을 잘하지 못하는 것일까요?

필자와 동갑인 나연이 엄마에게서 전화가 왔습니다.

"내일 애들 미술 만들기 준비물 있는 거 확인했어, 규리 엄마?"

처음에는 따로 전화로 챙겨줘서 고맙다고 생각했습니다. 그런데 시간이 갈수록 아니란 것을 깨달았습니다. 언젠가부터 필자가 잘 챙기지 못하는 것을 눈치챘는지 '알림장 아직 못 봤지?' 하며 불신을 드러냅니다. 딸 친구 엄마들 사이에서 필자는 이미 아이를 잘 챙기지 못하는 불량 엄마로 찍힌 게 틀림

없었습니다.

부모 교육을 다니는 필자의 직업이 무색하게 동네에서 불량 엄마로 소문나 있었던 것입니다. 고학년 자녀를 수학 학원에 보내지 않고 그냥 놀게 하는 엄마, 아이의 준비물에도 신경을 안 쓰는 혼자만 바쁜 엄마, 엄마들 모임에도 잘 안 나오는 사교적이지 못한 엄마, 친구 생일 파티에 매번 딸만 혼자 보내는 무심한 엄마…. 이 글을 쓰면서도 참 어이가 없습니다. 우리 아이들에게 필자가 어떤 엄마인지 동네 사람들은 아무도 모를 것입니다. 얼마나 아이들을 끔찍이 생각하는지 동네 엄마들은 꿈에도 모를 것입니다.

좋은 엄마와 불량 엄마의 기준은 무엇이며 누가 그 기준을 만드는 것일까요? 누가 필자에게 불량 엄마 점수를 주고, 또 누가 좋은 엄마 점수를 줄 수 있나요? 불량 엄마가 아니라는 것을 무엇으로 증명해 보일 수 있을까요?

유대인 부모가 아이를 공부시키는 이유는 한국인 부모의 그것과 다르다고 했습니다. 일단 교육 목표 자체가 다릅니다. 한국인 부모는 '자녀를 성공시키기 위해 공부를 시킨다'고 답하는 반면, 유대인 부모는 '자녀가 스스로 삶의 가치를 찾고 그 가치를 이루며 살아가기 위해서는 지식이 필요하므로 공부를 해야 한다'고 말합니다. 유대인과 한국인의 차이가 바로 이것입니다.

우리는 왜 모두 똑같은 목표와 방식으로 똑같은 곳을 향해 아이들을 내몰고 있는 것일까요? 일상에서 하브루타로 아이들의 생각을 우선했던 필자는 남들과 같은 목표를 심어주고 싶지는 않았습니다. 그래서 남들처럼 영어 학원에 보내지 않고 수학, 논술 학원으로 빵빵이 돌리지 않는 필자가 다른 엄마들에게는 틀린 것으로 보였을 수도 있습니다. 자식의 교육에 관심이 없는 것처럼 보였을 것이고 방관하는 엄마로 보였을 것입니다. 남과 다르게 아이들을 키우는 필자가 불량 엄마로 보였을 것입니다.

남과 똑같지 않으면 불량한 것일까요? 왜 학원을 보내지 않으면 아이에게 무관심한 이상한 엄마로 취급받는 것일까요? 남과 다름을 왜 틀리다고 말하는 것일까요? 세상에 존재하는 아이들은 모두 각자의 역량이 다르고 각기 다른 재능을 가지고 태어났는데, 왜 똑같이 수학 학원을 가야 하고 영어 학원을 가고 논술 학원을 가야 하는 것인가요? 우리나라 교육은 왜 정해진 방향에서 벗어나면 틀리다고 비난할까요? 남의 시선을 의식하는 한국인과 남의 시선보다 내 아이의 의견을 더 우선하는 유대인, 둘 중 어느 민족이 노벨상을 더 많이 받았을까요?

아인슈타인의 유명한 일화에서도 유대인만의 다른 부모 교

육법을 알 수 있다. 초등학생 시절 아인슈타인이 받아온 성적표를 보고 엄마는 깜짝 놀랐다. 라틴어, 지리, 역사 과목에서 낙제를 받았고 선생님의 평가는 냉정했다.

'이 학생은 앞으로 무슨 일을 하든 성공할 수 없다고 판단됨.'

하늘이 무너질 것 같았지만 엄마는 차분하게 아인슈타인에게 말했다.

"알베르트, 너는 남과 다른 특별한 능력을 가지고 있어. 남과 똑같지 않기 때문에 너는 성공할 수 있을 거야."

엄마의 믿음이 남보다 모자라 보였던 아인슈타인을 세기의 천재로 키워낸 것이다.

- 전성수, 《유대인 엄마처럼 격려+질문으로 답하라》 중에서

우리나라에서는 왜 내 아이의 생각보다 선생님의 의견을 더 신뢰하는 것일까요? 왜 어느 입시 드라마에서는 선생님을 전적으로 믿으라고 말하는 것일까요? 공부는 아이가 하는데 왜 부모들은 선생님을 믿고 의지하는 것일까요? 왜 공장에서 찍어낸 아이들처럼 같은 경로를 걸어가야만 안심하는 걸까요?

어느 엄마가 말했습니다.

"학원을 보내면 그래도 뭐라도 따라가는 것 같아서 안심이 되는 것 같아요."

그러면서 보내지 않는 것보다 보내는 게 더 낫지 않느냐며 물었습니다. 하지만 진짜 공부가 하고 싶어서 학원에 가는 아이들이 몇 명이나 될까요? 우스갯소리로 학원에 가서 공부하는 아이들 중에 몇 명을 제외한 나머지 아이들은 모두 들러리로 앉아 있는 것이라고, 혹은 나머지 아이들은 학원 전기세를 내주러 다니는 것이라는 씁쓸한 유머를 들어본 적이 있습니다. 왜 그런 말이 나오게 된 것일까요? 결국은 스스로 원해서 하는 공부만이 자기 것이 됩니다. 부모의 결정으로 학원에 떠밀려 간다면, 스스로 원하는 목표 없이 앉아만 있다가 돌아오는 것밖에 되지 않기 때문입니다.

우리는 모두 '생각이 켜진 집'에 사는 사람들 같습니다.

우리 동네는 놀랄 일도 특별한 사건도 일어나지 않아요. 우리 동네 집은 모두 똑같이 생겼어요. 세모난 빨간 지붕에 창문이 두 개, 대문이 하나씩 있지요. 대문에는 손잡이와 자물쇠가 하나씩 있고, 창에는 회색의 두꺼운 덧창이 달려 있어요. 모두 밤이 되면 덧창을 꼭 닫고, 아침이 되면 덧창을 활짝 열었어요. 꼭 그래야 하는 것처럼요.

그러던 어느 날 밤, 한 집이 덧창을 닫지 않았어요. 창밖으로 노란 불빛이 새어 나왔어요. 아침이 밝았는데도 세상에나! 덧창을 열지 않았네요. 그 뒤로도 이런 황당한 일이 밤낮으로

계속 되었어요. 동네 사람들이 수군거렸어요. '도대체 저 집 에는 누가 사는 거야? 도무지 얼굴을 볼 수가 있어야지.'

- 리샤르 마르니에, 《생각이 켜진 집》

(오드 모렐 그림, 박선주 역, 책과콩나무, 2017) 중에서

모두가 똑같은 색깔의 지붕에, 똑같은 창문의 집에서 삽니다. 모두가 밤이 되면 덧창을 닫고, 아침이 되면 덧창을 활짝 엽니다. 꼭 그래야만 하는 것처럼. 모두가 똑같이 학교를 보내고 학원을 보내고 과외를 시킵니다. 누군가 순서가 다르거나 하나를 빼먹으면 수군거립니다. '아침이 밝았는데도 세상에 나!' 하면서.

필자는 사교육을 비판하는 것이 절대 아닙니다. 학원의 필요성을 못 느끼는 것도 아닙니다. 아이가 정말 배우기를 원하고 관심을 갖는다면 밤 9시까지 학원에서 시간을 보내고 집으로 돌아와도 마땅합니다. 스스로 배움이 필요하다고 느낄 때, 아이가 원해서 공부를 할 때 진정 배움이 재미있고 신나는 일이 될 것입니다. 그래서 질문이 필요합니다. 지금 아이가 하고 싶은 일이 무엇인지, 요즘 무엇에 관심이 많은지 말입니다. 학원도 물론 중요하지만 지금 아이들에게 가장 필요한 것은 무한한 가능성에 대한 탐구와 그것을 꾸준히 찾아가는 과정을 밝게 해주는 것이 아닐까요?

개성과 창의력이 왜 중요할까요? 남이 한다고 무조건 따라 하고 어느 한 사람이 규칙을 벗어났다고 손가락질하는 것이 아니라 나와 다른 생각이 틀린 게 아니라는 것을 알아야 합니다. 서로 다름을 인정하고 그것을 판단할 줄 아는 힘을 길러야 합니다. 그것이 우리가 하브루타를 하는 이유이고, 반드시 하브루타를 해야만 하는 이유이기도 합니다.

그래서 오늘도 아이들에게 질문합니다. 혼자 덧창을 닫지 않고 열지 않았지만 개의치 않습니다. 동네 사람들의 수군거림보다도 내 아이들의 의견과 생각이 중요하며 그것은 반드시 우선시되어야 하는 것이라고 믿기 때문입니다. 아이가 진짜 하고 싶은 것이 무엇인지 지금부터 생각하고 찾아가게 만들어주고 싶습니다. 학창 시절에 치열하게 고민도 하고 힘겨운 사춘기를 겪으며 스스로 원하는 것을 찾고, 시도하고, 실패하는 과정을 겪기를 원합니다.

무작정 공부만을 목표로 삼는 '성실표 엄마'는 되기 싫었습니다. 아이들이 좌우를 살피고 가끔은 아래도 내려다보며 위를 향해 도전하기를 바랍니다. 그래서 남과 다르게 아이들을 교육하는 하브루타 엄마가 되어야 했습니다. 시간이 다소 걸리더라도, 멀리 돌아가는 것처럼 보이더라도 하나하나 질문하고 대화하고 토론하며 가족들이 울타리가 되어주고 싶었습니다. 무엇을 원하는지, 어떤 일이 하고 싶은지, 무슨 공부가 재미있는지 앞으로도 계속 아이에게 질문할 것입니다.

동네 사람들이 수군대는 불량 엄마이지만 아이들에게는 누구보다도 좋은 엄마가 되고 싶습니다. 우리 아이에게 가보지 않은 새로운 길도 가보라고 말하고 싶습니다. 입시 지옥이나 학원 지옥이 아닌 다른 세상에서 맘껏 꿈을 꾸게 하고 싶습니다. 세모난 빨간 지붕이 아닌 네모난 초록 지붕에 하늘이 보이는 창문이 달린 집에서 개성 있는 자기만의 생각으로 자유롭게 꿈꾸고 도전하는 아이로 자라기를, 매일 하브루타 하는 엄마는 오늘도 간절히 바랍니다.

에필로그

엄마는 아이의 평생 선생님입니다

2019년 겨울, 코로나19가 시작되면서 강의가 없던 몇 달간 이 글을 써 내려갔습니다. 코로나19가 아직 끝나지 않은 지금, 3년여가 지나서야 이 책을 세상에 내놓게 되었습니다. 글을 쓰기 시작할 때 초등학교 4학년이었던 큰아이가 어느덧 중학생이 되었습니다. 엄마도 아이도 행복한 육아법을 세상 모든 엄마들과 공유하고 싶은 간절함에서 시작된 책 쓰기의 마침표를 이제야 찍습니다.

책을 쓰고 보니 책임감이 묵직합니다. 당장 우리 아이들의 성장 방향이 사람들에게 주목받지 않을까 조금 두렵기도 합니다. 그래도 하브루타의 실천을 멈추지 않겠습니다. 누구에게 보이기 위해, 사람들의 시선 때문에 하브루타를 하는 것이 아닙니다. 아이와 남편과 짝이 되어 질문하고 대화하고 토론하고 논쟁하는 하브루타의 힘을 믿습니다. 우리 아이들이 누구보다도 당당하고 자기 주도적인 건강한 아이들로 성장해 줄 것이라 자신합니다. 필자는 앞으로도 언제 어디서든 질문하고 대화하고 토론하기를 멈추지 않는 선생님이 되겠습니다. 끊임없이 공부하고 연구하고 실수도 하고 실패도 경험해 보겠습니다. 그 모든 과정을 언젠가 또다시 필자와 같은 육아맘들에게 진솔하게 내놓고 싶습니다.

엄마도 아이도 행복한 육아를 위해 좀 더 나은 방향을 제시하려 했던 집필 의도가 그대로 전달되기를 바라는 간절한 마음이 독자들에게 큰 울림으로 와닿지 않을 수도 있습니다만, 그래도 괜찮습니다. 한 사람의 열 걸음보다 열 사람의 한 걸음이 더 중요하듯이 육아 연대기를 함께 겪고 있는 수많은 양육자에게 하브루타를 알리고 싶습니다. 육아를 감당하는 엄마들에게 작은 힘이나마 보탬이 될 수 있다면 그 걸음이 몇 걸음인지에 의미를 두지 않겠습니다. 혼자서 더 멀리 가는 것보다 여럿이 함께 갈 수 있기를 바랍니다. 하브루타 대화법만이 정답은 아니겠지만, 여러분만의 육아 기준을 찾아가는 데 이 책이 그저 도움이 되기를 바랍니다.

여전히 기승인 코로나19 때문에 부모와 아이 모두 참 많이 지쳐 있습니다. 자가 격리와 긴 '집콕' 생활로 가족들 간의 갈등도 증가했습니다. 코로나19가 사회적 거리 두기로 사람들과의 관계를 멀어지게 했지만 가족들 간의 거리 두기도 중요함을 깨닫게 해주었습니다. 하브루타의 질문과 대화라면 가족 간의 거리, 친구와의 거리, 동료들과의 거리가 좀 더 돈독해질 수 있습니다.

누군가에게 영향을 미치는 직업을 가졌다면 배움을 멈추어서는 안 됩니다. 엄마도 마찬가지입니다. 엄마는 아이의 평생 선생님이니까요. 밥 먹듯이 버럭하던 버럭 엄마에서 하브루타 대화법을 실천하며 질문하는 엄마로 변화한 필자의 경험이 육아로 지치고 힘든 독자들에게 위로와 공감이 되기를 바랍니다.

이 책을 왜 써야 하는지, 끝없는 질문과 아낌없는 지지와 격려를 해주신 《가시고기》의 조창인 작가님께 고개 숙여 감사드립니다.

"엄마, 꿈을 향해 가는 모습이 참 멋져요! 엄마는 꼭 책을 내실 수 있을 거예요."

응원의 메시지를 노트북에 붙여준 사랑스런 딸 규리와 집안일을 제일 많이 도와주는 듬직한 아들 태윤이에게 마음을 다해 사랑한다고 말하고 싶습니다. 늘 무엇을 하든 무한한 지지와 격려로 내 편이 되어주는 나의 평생 하베르, 사랑하는 남편에게도 묵묵히 믿어주고 지켜봐주고 기다려줘서 고맙다는 말을 꼭 전하고 싶습니다.

치매와 파킨슨병으로 외롭게 싸우고 있는 친정 엄마와, 하나님이 선물처럼 보내주신 천사 같은 시어머니…. 평생 엄마처럼 살지 않겠다고 못되게 굴었던 딸이 엄마에게 이 책으로 용서를 구하고 싶습니다. 그렇게 못됐던 딸도 엄마가 되어서 딸을 키우니 이제야 그 마음이 이해됩니다. 엄마도 참 좋은 엄마였고, 지금 같은 하늘 아래 존재하는 것만으로도 큰 힘이 된다고 말해주고 싶습니다. 친정 엄마만큼 아끼고 사랑해주시는 시어머니께 많이 모자라고 부족한 며느리가 진심으로 존경과 사랑을 전해드립니다.

끝으로 하브루타와의 행복한 동행에 기꺼이 하베르가 되어주신 전국의 수많은 선생님, 부모님과 매주 '하브루타 민쌤의 떠드는 교실'에서 만나는 전국의 꼬마 하베르들에게도 진심으로 사랑과 고마운 마음을 전합니다. 배운 것을 나누고 세상에 선한 영향력을 끼치는 사람이 될 수 있도록 세워주시고 기도로 이끌어주신 하나님께 이 영광을 돌립니다.

안 된다고 하기 전에 왜 그런지 이유를 묻는
내 아이를 바꾸는 위대한 질문 하브루타

초판 1쇄 발행 2022년 7월 7일
초판 10쇄 발행 2024년 5월 31일

지은이 민혜영(하브루타 민쌤)

대표 장선희 **총괄** 이영철
책임편집 한이슬 **기획편집** 현미나, 정시아, 오향림
책임디자인 최아영 **디자인** 양혜민
마케팅 최의범, 김경률, 유효주, 박예은
경영관리 전선애

펴낸곳 서사원 **출판등록** 제2023-000199호
주소 서울시 마포구 성암로 330 DMC첨단산업센터 713호
전화 02-898-8778 **팩스** 02-6008-1673
이메일 cr@seosawon.com
네이버 포스트 http://post.naver.com/seosawon
페이스북 www.facebook.com/seosawon
인스타그램 www.instagram.com/seosawon

ISBN 979-11-6822-078-2 03590